Alice's Adventure in Puzzle-Land

数学パズルの迷宮
パズルの国のアリス 2

坂井 公 ［著］

斉藤重之 ［イラスト］

発行 日経サイエンス社
発売 日本経済新聞出版社

まえがき

　日経サイエンス誌の連載コラム「パズルの国のアリス」（2012年11月号〜2016年1月号掲載分）を，また1冊の本にまとめていただけることになった。1冊目でも大変な感慨があったのに，こうして2冊目が出せるというのは本当にありがたいことで，可能な限り長く続けていきたいと願っている。

　雑誌連載もすでに8年目に入っているが，連載開始時から現在に至るまで，つねにお手本として筆者の頭の中にあったのが，日経サイエンス（当時の誌名は「サイエンス」）のマーチン・ガードナーによる先輩格のコラム「数学ゲーム」である。連載開始時の記事に述べたが，ピーター・ウィンクラーの『とっておきの数学パズル（正・続）』（邦訳は日本評論社）をパズルの種本に使わせてほしいと連絡したメールの返事に，「日本でガードナーの伝統を守ってほしい」とウィンクラーが書いてきたのが思い出される。「数学ゲーム」を連載していたときのガードナーの筆力は圧倒的であり，到底及ぶべくもなく，とても自分には果たせない大任と今でも思っているが，それに近づこうとする努力が少しは報われてきている気がする。

　幸いにして，ガードナーの著作は，全部を集めて出版しようとする計画がアメリカで進行中であり，それに歩調を合わせて，岩沢宏和氏と上原隆平氏を中心にした強力な布陣で日本語訳も徐々に出版されているので，筆者の微力などなくとも，やがては立派な記念碑的著作が完成するだろう。

　前著のまえがきに，パズルをアリス物語のエピソードに埋め込む際の苦労話を書かせていただいた。しめきりが来るたびに，どのパズルを題材にするかで悩むのだが，それが決まっても，それを提示するのにどういう話を作ろうかでまた苦しまねばならない。確かに苦労の多い部分ではあるのだが，逆に記事を書いていて，パズル自体の解を解説することの次に楽しんでいる部分でもある。

　最近，ちょっと楽になったなと思うのは，アリス物語中の登場人物の個性が筆者の中で固まってきて，この話ならこの人物がうってつけだなということで，大体話が見えてくると，比較的すぐに配役が決まることだ。シナリオを与えられた演出家がその役にピッタリな俳優を決めるように，ちょっと芝居の演出をしているような気分になれる。

もしかしたら『不思議の国のアリス』や『鏡の国のアリス』でルイス・キャロルが描こうとしていた人物像とは違っているかもしれないと思うのだが，こうなってくると，登場人物たちが半ばアドリブを交えて，自主的に動き始めてくれる．さすがにもとのパズル問題の枠を超えて勝手なことをやらせるわけにはいかないが，かなり個性豊かな人物に育ちつつあるのがうれしい．

　その結果，筆者の好みが反映し，登場人物のバラエティが減っているかもしれないと思うことがある．ヤマネの7匹の姪たち，マハラジャ，カメレオンのウィル，ジョーカーなど，オリジナルのアリスには出てこない人物たちの活躍するエピソードもあるが，贋ウミガメなど，魅力的なのにまだ登場の機会を与えられていないキャラクターもある．ときどきは，『不思議の国』や『鏡の国』を読み返し，せっかくルイス・キャロルが作ってくれた楽しいキャラクターたちを忘れないようにしたいと思う．

　前回のまえがきの繰り返しになるが，読者に物語を楽しんでもらい，さらに解答のエレガントさを味わっていただくことが，筆者としての最上の喜びである．問題自体はかなり難しいと思うが，自力で解けても解けなくとも，是非，解答を味わっていただき，もし書いてある解答よりもすぐれた答えを得たと思われたなら，それをお知らせいただきたい．

　今回も，解答はなるべく初等的な範囲の知識だけで読めるように努めたつもりだが，たとえば第53話の「六角形タイルの悪夢」などは，結論も奇妙であり，証明を細部まで理解するには群論の知識が必要かもしれない．ただ，そういうパズルであっても，結論はそれほどわかりにくくないので，話を楽しんでいただけたら幸いである．

　最後になってしまったが，イラストレーターの斉藤重之さんと日経サイエンス編集部の菊池邦子さんにお礼を申し上げて，このまえがきを終えることにしたい．

2016年5月　　　坂井 公

数学パズルの迷宮
パズルの国のアリス2

目次

まえがき ……………………………………………………………………… 1

第43話 悩ましい入札ゲーム ……………………………………………… 6
第44話 スイッチを切り替えるスイッチ ………………………………… 10
第45話 大工が請け負ったタイル貼り工事 ……………………………… 14
第46話 何が何でも取り分は同じ ………………………………………… 19
第47話 怪しい鉄道運営 …………………………………………………… 22
第48話 フレームと筋交い ………………………………………………… 28
第49話 マハラジャの風変わりな賭け遊び ……………………………… 33
第50話 交差しない弾道 …………………………………………………… 37
第51話 もっと赤字を!! …………………………………………………… 41
第52話 タイル壁の修復 …………………………………………………… 46
第53話 六角形タイルの悪夢 ……………………………………………… 50
第54話 絨毯の絨毯爆撃 …………………………………………………… 58
第55話 続・何が何でも取り分は同じ …………………………………… 61
第56話 カメレオンたちの体重測定 ……………………………………… 64
第57話 ハートの女王による継子立て …………………………………… 68
第58話 先攻は有利か? …………………………………………………… 76
第59話 アリス,マジックに再挑戦 ……………………………………… 82
第60話 ババが2枚のババ抜き …………………………………………… 85

第 61 話	集え！ 賢者たちよ	91
第 62 話	賢者たちのチーム戦	98
第 63 話	色模様反転装置	102
第 64 話	続・色模様反転装置	108
第 65 話	近所づきあいは御免だ	114
第 66 話	距離を測る塗料	120
第 67 話	不思議の国のビリヤード	124
第 68 話	ビルとエースの賢者ダブルス戦	128
第 69 話	懸賞付き座席番号	132
第 70 話	進化した 8 の字ミミズの逆襲	137
第 71 話	シャイで人見知りな一匹狼たち	140
第 72 話	缶もキャンディも平等に！	144
第 73 話	公爵夫人を出し抜け！	149
第 74 話	続・給仕長帽子屋のたくらみ	154
第 75 話	無礼講での握手回数	159
第 76 話	マハラジャの新しい賭け遊び	162
第 77 話	コイン配置で勝負	166
第 78 話	定期的エサやりシステム	170
第 79 話	園遊会でのゲーム	174
第 80 話	白の騎士の無限階段	182
第 81 話	回転テーブルとスイッチ	187

第43話 悩ましい入札ゲーム

　アリスが面白いことはないかと鏡の国をうろついていると，見覚えのある雑貨屋の前を通りかかった。前に来た羊の老婆の店だと思い出し，アリスは，何か掘り出し物はないかと入ってみたが，目を凝らした棚からは，例によって品物が消えてしまう。
　「まったくあんたは何が買いたいんだね」と羊。
　ほしいものを思いつこうとアリスがむなしい努力をしていると，トゥィードル

ダムとトウィードルディーの兄弟が息せき切って飛び込んできた。

　「ガラガラ！　ガラガラ！　新しいのが入ったかい？」異口同音に叫ぶ。まったくこの2人っていつもガラガラなんだからとあきれながら，羊があごで示した棚をアリスが見ると，さっきまで何もなかったのに今は新品のガラガラが1つ鎮座している。

　「1つだけ？」とダム。「当たり前さ。この子みたいにほしいものがわからないのも困りものだけど，あんたたちみたいにいつも同じものじゃ，在庫のたまる余地なんかあるもんかい」と羊。

　それを聞いてディーがダムをちらっとにらんだのを見て，羊は続ける。「どうせあんたら，自分が買うって譲らないんだろうね。では，今日は，ちょっとだけ商売っ気の入った，競りがらみのゲームで決着をつけようか？」

　アリスも双子もゲームと聞いて目を輝かせた。「銀貨何枚で買うかまず2人で入札する。普通は高い値をつけたほうに売っておしまいなんだけど，そうじゃなくて高い値をつけたほうが先手で次のようなゲームをするんじゃよ。入札枚数からなる2つの銀貨の山を作って，先手は，銀貨が多いほうの山から少ないほうの整数倍の銀貨を引いてその枚数を減らす。後手は，残った2つの山に対して同じことをする。こうして交互にプレーして山を1つにしたほうが勝ちで，最初の入札額でガラガラを手に入れるというのはどうじゃね？　もちろん最初の入札が同額の場合は引き分けでやり直しじゃが」。

　読者には，このゲームの分析をお願いしよう。まずウォーミングアップとして，ダムの入札が銀貨5枚とわかっている場合，ディーが一番安い価格でガラガラを手に入れるには入札額をいくらにすればよいだろうか？　また，ダムの入札が5枚を超えることがないとわかっている場合，ディーが確実にガラガラを手に入れるための入札額はいくらだろうか？　もっと一般には，ダム m 枚，ディーが n 枚の入札をした場合，ディーが勝つための条件はどういうものになるだろうか？

第43話の解答

　ダムの入札が5枚とわかっている場合を考えてみよう。ディーの入札が1枚なら，ダムが先手となり，いきなり5枚の銀貨の山を0枚にされてディーの負けだ。

ディーの入札が2枚なら，ダムが減らせるのは偶数枚だから，いきなり0枚にされることはないが，5枚を3枚に減らすのが良い手で，これに対してディーは3枚をさらに1枚に減らすことしかできない。その結果，2枚の山を0枚にされて，ディーの負けだ。ディーの入札が3枚なら，ダムの初手は5枚を2枚にするしかないが，その結果3枚と2枚の山が残るので，先と同様にディーの負けだ。ディーの入札が4枚なら，ダムの初手は5枚を1枚にするしかない。次の手でディーは4枚の山を0枚にして勝つことができる。こうして，ダムの入札が5枚の場合にディーが勝てる最低入札額は銀貨4枚ということになる。一般に相手の入札額 n（$\geqq 3$）に対して，$n-1$の入札は良い手で，後手にはなるが，相手はn枚を1枚にするしかないので2手目で勝てる。

さて一般には相手の入札額はわからないので，確実に勝つことは無理だが，額の上限がわかっているとやりようがある。簡単なやり方は，可能性がある相手の入札額すべての最小公倍数で入札することだ。例えば，ダムの入札が5枚を超えることがないなら，1・2・3・4・5の最小公倍数60で入札することで先手を取り，初手でいきなり60枚の山を0枚に減らして勝つことができる。

しかし，銀貨60枚はいかにも大金なので，もっと少額で勝つ方法がないだろうか。先に検討したように，ダムの入札が5枚の場合，4枚未満では勝てない。また4～6枚ではダムが3～5枚で入札する可能性があるので，確実とはいえない。では7枚ではどうか？　ダムの入札が5枚なら，先手はディーで，7枚を2枚にするしかない。その結果，ダムの手番で5枚と2枚が残り，5枚を3枚にするのが良い手だったからダムの勝ちになる。ディーの入札が8枚だった場合も，ダムの入札が5枚なら似たような経過をたどりダムの勝ちになる。では9枚の場合は？　この場合，ダムの入札が5枚なら，ダムの手番で5枚と4枚が残り，先に見たようにディーの勝ちになる。ダムの入札が4枚でも，ダムの手番で5枚と4枚が残るようにできる。ダムの入札が3枚なら，いきなり9枚を0枚にしてディーの勝ちだ。ダムの入札が1～2枚でも，ディーが勝てることは容易にわかる。

というわけで，ダムの入札が5枚以下とわかっている場合に，ディーが確実に勝つための最低入札額は9枚である。しかし，少し調べてみればわかるが，この場合のディーの入札額は，10枚でも11枚でも，要は9枚以上ならよいのだ。この結果を含めてこれまでの検討から予想できることは，2つの山の銀貨の差が十

分あれば先手が勝ちそうだということである。

　少ないほうの山の銀貨枚数をm，多いほうをnとする。「比n/mがある値αを超えていれば先手勝ち，それ以下なら後手勝ち」といえると簡単でよい。もしそのような値αが存在するならその値は2未満である。なぜなら，$n/m=2$のときは，n枚の山をいきなり0枚にすることで先手が勝てるからだ。したがって，後手勝ちの局面が上の条件を満たすなら，$n/m \leq \alpha < 1$であり，そのときの先手が打てる手はn枚の山を$n-m$枚にすることだけである。もとの局面の比を$n/m=r$とすると，このとき新しい局面の比は$m/(n-m)=1/(r-1)$である。これらが等しくなるのはrがいわゆる黄金比

$$\phi = \frac{1+\sqrt{5}}{2}$$

のときだが，これは無理数だから決してn/mに等しくなることはない。また，$r>\phi$なら$1/(r-1)<\phi$，$r<\phi$なら$1/(r-1)>\phi$であり，ϕは上のαが満たすべき条件に合致する。

　実際，先の$n=5$や$m=5$の具体的なケースに照らしてみても，$\alpha=\phi$とすると，先手勝ち，後手勝ちがうまく分類されている。

　こうして有望そうなαの値が見つかったので，証明を試みてみよう。$n>m\phi$とする。nがmの倍数ならもちろん先手の勝ちである。そうでない場合，正の整数pによって$n=pm+k$（$0<k<m$）と書ける。先手は，$m/k<\phi$ならnをkに減らし，$m/k>\phi$ならnを$k+m$に減らすことができ，どちらの場合も新しい局面の比がϕ以下であることは容易に示される。逆に$n<m\phi$としよう。このとき先手はnを$n-m$にするほか手がない。この結果，比$m/(n-m)$はϕ以上となる。あとは数学的帰納法によって証明を完結させればよい。

　この結果は，奇妙といえばいえよう。相手に勝ちたいと思うとき，かなりかけ離れた大きな額で入札してもよいが，相手の入札額が予測できればそれよりちょっとだけ少ない額を提示してもよいということだから。

第44話 スイッチを切り替える スイッチ

　鏡の国の白の騎士がまた，面白い装置を発明したらしいという噂が流れてきた。好奇心のかたまりのアリスが，早速白の騎士の工房に駆けつけてみると，既にハンプティ・ダンプティや赤白の王室の面々も集まって，かまびすしいことこの上ない。発明品が何なのかとのぞきこんでみると，たくさんのスイッチが輪になってつながっているだけのように見える装置だ。

「何かのタイマーですか？」とそばにいたハンプティ・ダンプティに聞くと「まあ，そうとも言えるな」と例によって考え深げな応答のあと，「……だが，それ以上だ。なんと，時間が来ると隣のスイッチを切り替えるというスイッチだからな」。

「？？？」アリスがキョトンとしていると，実演が始まった。確かにハンプティの言うとおりで，最初は全部のスイッチがオンになっていたのだが，自分の番が来たときにオンになっていたスイッチは，時計回り方向の隣のスイッチに信号を送り，そのスイッチのオン・オフを切り替えるらしい。順繰りに番が来るようにタイマーがセットされていて，あるスイッチの次に番が来るのは時計回りにその隣にあるスイッチだ。自分の番のときオフであれば，そのスイッチは何もしないで次の番のスイッチに移る。

装置はひたすらに，ただ各スイッチのオン・オフを繰り返していたが，全部のスイッチがオンという最初の状態に戻ったとき，集まっていた見物衆から拍手と喝采が上がった。

「ほら，どうだ。すごいじゃないか」とハンプティから同意を求められても，アリスは大きかった期待に比例する脱力感で声が出なかったが，読者は，脱力していないで問題を考えていただきたい。

まず，ウォーミングアップとして，この装置では（スイッチが2つ以上つながっていれば）すべてのスイッチがオフになることはないことを証明していただきたい。次に，この奇妙な装置は，輪になってつながったスイッチの数が何個であろうと，全部がオンという最初の状態に必ず戻るかどうかを考えていただこう。最初の状態に戻らない場合があるだろうか？

第44話の解答

　そのとき隣に信号を送る番になっているスイッチを信号係と呼ぶことにしよう。
　まず，全部がオフになることがないことの証明だが，これはちょっと考えれば当たり前なので，バカにするなと読者からお叱りを受けそうで心配だ。最初は全部がオンだったのだから，全部オフになることがあるとすれば，その直前の状態は，1つを除いて全部オフということになっている。ところが，この最後のスイッチがオフになるためには，その上流の信号係から切り替えの信号が来なければならないが，信号係はオフなのでそんなことはありえない。
　次に全部がオンという初期状態に戻らないことがあるかどうかだが，スイッチの数を増やしながら少し実験してみると，例外なく初期状態に戻るので，予想は容易につく。さて，その証明だが，実はこの種のことを示す手法を2012年6月号の「アイスクリームケーキの怪」（『パズルの国のアリス　美しくも難解な数学パズルの物語』第38話）でも用いている。つまり，状態の有限性と状態遷移の可逆性だ。
　スイッチに1から順の番号を時計回りに振ることにする。そのとき信号係の番号と各スイッチのオン・オフの状況を，装置全体の状態と考えると，考えうる状態は全部で有限種類しかない（正確には，スイッチの個数がnであれば，$2^n \times n$種類の状態がある）。
　現在の状態からはもちろん次の状態がわかる。例えば，今，信号係はi番のスイッチでそれがオンであったとしよう。次の状態では，信号係は$i+1$番になり（この番号はnを法として考える，つまり$i=n$なら1番に戻る），そのスイッチの状態はオン・オフが反転することがわかる。しかし，現在の状態からは，その直前の状態がどうであったかもわかるのだ。すなわち，直前の状態では，信号係はもちろん$i-1$であり，それがオフであれば，i番のスイッチはそのときもオンであったが，$i-1$番がオンであれば，i番のスイッチはそのときはオフであった。
　したがって，状態遷移は逆にたどることも可能であり，ある状態に至る直前の状態はただ1つしかない。状態全体は有限種類しかないので，どの状態から始めてもやがてある状態が再現することになる。
　初めてそれが起こる時点を考えると，それがそもそもの初期状態でないと，そ

の状態になる直前の状態が2通り以上あることになり，矛盾するというわけだ。

　実際に，装置の動きをシミュレートしてみるとなかなか面白い。全スイッチがオフの場合は，その状態がいつまでも続くだけだが，それ以外の場合は，途中で実に様々なパターンが現れる。$n = 2, 3, 4$の場合，スイッチが全オフではない状態から始めると，それらの状態がすべて出現したあとで初期状態に戻る。つまり状態全体が2分類され，「全オフ」と「オンあり」でそれぞれループを形成する。一方$n = 5, 6$の場合は，状態全体は，それぞれループを形成する4グループに分割される。nの値によりこれらの構造がどうなっているかを調べるのも面白いかもしれない。

第45話 大工が請け負った タイル貼り工事

　アリスが鏡の国の海岸を散歩しているとき，鋸や金槌を手にした初老の男が太った大きな動物と親しげに話をしているのを遠くに見かけた。動物は，大きな牙を持ち，胴に申し訳程度の短いひれ足がついている。「あれ，あの人たち，トゥィードル兄弟に最初に会ったときの詩の中に出てきた，ええと……そう，大工とセイウチに違いないわ」と思ったアリス，詩の中でかわいそうな牡蠣たちを2人が残らず平らげてしまうことに反感を持っていたので，思わず足が止まった。
　よく見ると大工とセイウチの間には，貝殻のように見える平たいものがたくさ

ん積まれている。「冗談じゃないわ」。アリスは2人を止めようと脱兎のごとく駆け出した。しかし，近づいてみると貝殻に見えたのは，白地の中に様々な色の斑模様がある長方形のタイルだった。

　その2人は確かに大工とセイウチだったが，突然，血相を変えて飛んで来たアリスを見て，「ははあ，あんたが例のパズル好きの女の子だね。双子から話を聞いていたよ」と大工。「ちょうどいい，ちょっと考えてくれないか？」

　アリスは，パズルと聞いて，2人に対して抱いていた反感をすっかり忘れ，話に聞き入った。大工によれば，今度，チェス王室宮廷での浴室修理を仰せつかったという。そのために60cm×1mのスペースをタイルで貼る必要があって，その素材として取り寄せたのが2人の間に積んであるタイルだという。1枚のサイズは5cm×8cmで面積は40cm^{2}だから，6000cm^{2}分ということで，150枚を注文した。色とりどりなのは，並べ方を工夫すれば面白い模様を作れるかもしれないと考えたからだが，実物が届いていざ並べてみると，それどころではなくなった。セイウチの協力も仰ぎ，色々と試してみたが，このタイル150枚をどう並べ

ても，60cm×1mのスペースを埋める方法が見つからない。どうしても何枚かのタイルを2つに切って使う必要がありそうだというのだ。

　そこでアリスと読者への問題だが，まずウォーミングアップとして，何枚かのタイルを2つに切って，上記のタイル150枚で60cm×1mのスペースを埋める方法を考えてほしい。タイルを置く方向は自由なので，これには様々な方法があるが，切るタイルの枚数をなるべく減らすように心がけていただこう。

　次なる問題は，もちろん，大工には気の毒だが，今の5cm×8cmのタイルをそのまま使って60cm×1mのスペースを埋める方法がないことを証明してもらうことだ。大工とセイウチが牡蠣をだましてたらふく食べた罰としては，これは軽すぎるかもしれない。

第45話の解答

　ウォーミングアップ問題は簡単だろう。例えば，5cm×8cmのタイルを使って，縦に12枚，横に10枚並べれば60cm×80cmのスペースを埋めることができる。残る部分は60cm×20cmだが，今度は，タイルの向きを90度変えて縦に7枚，横に4枚並べれば，56cm×20cmの部分が埋まる。最後の4cm×20cmの部分は残った2枚のタイルを2等分し，5cm×4cmの4枚にして埋めればよい。切断するタイルを1枚だけにして，同じことができるとは筆者には思えないが，そういうやり方を見つけたり，できないという証明を得たりされた読者は，是非，連絡いただきたい。

　さて，本当に考えていただきたかったのは，タイルをそのまま並べるだけでは60cm×1mのスペースを埋められないという証明だ。この問題のポイントはタイルの寸法のうち8cmのほうである。結論をいうと，そういうタイルを並べて覆うことができる長方形領域は，縦か横の一方の長さが8cmの倍数だと断言できるのだ。1mと60cmはどちらも8cmの倍数でないから，問題のスペースは5cm×8cmのタイルだけでは覆えない。

　実は，タイルのもう一方の寸法は重要ではない。だから，それを変えたタイルが色々あっても，問題は解決しない。なるべく一般的な形で，この事実を述べるなら，「ある長方形が様々なサイズの数多くの長方形に分割されたとする。この分割後の長方形のどれをとっても片方の辺長がaの倍数であるとすると，元の長方形の辺長も一方はaの倍数である」ということになる。

　あるいは，縮尺を変えて，aを単位長としてとれば「分割後の長方形のどれをとっても片方の辺が整数長であるとすると，元の長方形の辺も一方は整数長である」と言い換えられる。これが一番わかりやすそうなので，以降は，この形で問題を考えていくことにしよう。

　実は，ちょっと古いが，ワゴンという人がこの問題に着目し，なんと14種類もの証明を集めたという記事を1987年のアメリカ数学月報（*The American Mathematical Monthly*）に書いている。その記事はWagonとtilingくらいをキーワードとしてインターネット検索すれば簡単に入手できるので，気になる人は参照されたい。また，「パズルの国のアリス」の種本に使っている『とってお

きの数学パズル』（日本評論社）にもウィンクラーが考えた15番目の証明が載っている。これらの証明の中には似たようなものもあるが，特徴的なものをいくつか拾ってみたい。

ものの順序として，最初に見いだされたアイデアから始めよう。しかし，これは，大学初年級以上のやや高度な数学を使うので，この種の議論が不得手な読者は，とばしてもらってかまわない。もとの長方形Rの左下の頂点を原点として，通常の平面座標を導入する。そして，複素関数$f(x, y) = e^{2\pi i(x+y)} = \cos(2\pi(x+y)) + i\sin(2\pi(x+y))$の2重積分について考察するのだ。$R$が$R_1$, R_2, …, R_nというn個の長方形に分割されているとすると，各R_iの辺の一方は整数長ということから

$$\iint_{R_i} f(x, y)\, dxdy = \iint_{R_i} e^{2\pi i(x+y)}\, dxdy = 0$$

が簡単に示される。したがって，Rの上辺を$y=b$，右辺を$x=a$とすると，

$$\int_0^a dx \int_0^b f(x, y)\, dy = \iint_R f(x, y)\, dxdy = \sum_{i=1}^n \left(\iint_{R_i} f(x, y)\, dxdy\right) = 0$$

となるが，この左辺が0であるためにはaまたはbが整数でなければならないということが，やはり簡単に示され，結論が得られる。

上の式の意味がわかる人ならば，証明の細部は自分で埋められるだろうから，これ以上の説明は要るまい。関数fを変えることで，もう少し初等的な証明も得られる。しかし，「微積分」にアレルギーがある読者のために，別の証明を紹介しよう。

各R_iの境界線をずらして面積を考えることで別証明が得られる。R_iの左右の境界を$x=a_i$, $x=b_i$とし，上下の境界を$y=c_i$, $y=d_i$としよう。a_iが整数なら$a_i' = a_i$と定め，a_iが整数でなければ$a_i' = \lfloor a_i \rfloor + 1/2$と定める（$\lfloor a_i \rfloor$は$a_i$以下の最大の整数）。$b_i'$, c_i', d_i'も同様に定め，$x=a_i'$, $x=b_i'$, $y=c_i'$, $y=d_i'$で囲まれた領域をR_i'とする。このようにすると，例えば$a_i' = b_i'$となって，領域R_i'が1本の線分に縮退してしまうようなことがありうるがそれはかまわない。重要なのはR_i'を集めればRの境界に同様な処置を施した領域R'になることだ。Rの右の境界を$x=a$とし，上の境界を$y=b$とするとき，a, bがどちらも整数でなければ，

R' の縦横の長さはどちらも奇数/2 という形になるから，R' の面積は奇数/4 という形になる．一方，R_i の横幅が整数だとしたら，左右の境界を上のように移動しても，同じようにずれるだけだから，横幅は変わらない．縦幅はずらし方から整数/2 の形になるので，R_i' の面積も整数/2 の形になる．R_i の縦幅が整数だとしても同じことであり，R_i の面積はやはり整数/2 の形になる．整数/2 の形の数をいくら足し合わせても奇数/4 の形にはならないので，a, b の一方は整数であることが結論される．

この「ずらし」のテクニックは，この問題にはとても有効なようだ．ワゴンが挙げた 14 種の証明の中には，細部は微妙に異なるが，ずらしによるものが他にも 2 つあった．

もう 1 つの代表的なテクニックはグラフを用いるものである．各長方形 R_i の 4 頂点の座標を調べ，その座標値がともに整数であれば R_i の重心とその頂点を路で結んで作られるグラフを考えよう．R_i の片方の辺は整数長だということから，その重心と結ばれる頂点の数は，0，2，4 のいずれか，すなわち偶数であることが容易にわかる．また，各頂点は，分割前の長方形 R 自身の 4 つの頂点を除いてどれも，2 個または 4 個の長方形の頂点になっているので，それと結ばれる重心の数も偶数である．

R の左下の頂点 (0, 0) は左下隅の長方形の重心と結ばれているので，そこを出発点として同じ路を通らないようにグラフ上を旅することを考えよう．いわゆるオイラー路（一筆書き）である．グラフは有限だから，やがて旅は続けられなくなるが，その終点は，オイラー路の基本的な性質より，奇数次の点（奇数本の路が合流している点）か出発点である．奇数次の点は R の頂点しかなく，同じ路を通らない限り出発点に戻ることは不可能だから，終点は R の別の頂点だ．そこの座標は，グラフの定義より，両方とも整数だから，R の縦横の一方は整数長であることがわかる．

このようにグラフを利用する証明も何通りもある．ウィンクラーの本にある 15 番目の証明もこのアプローチの変形といえよう．読者も色々と挑戦されたい．特に，積分，ずらし，グラフのどれとも異なる新しい証明を思いつかれたら連絡してもらえるとうれしい．

第46話 何が何でも取り分は同じ

　何かといえば喧嘩ばかりしているトウィードルダムとトウィードルディーの双子兄弟。少しは協力してものを考えるようにと伯父が一計を案じて、小遣いの与え方を工夫した。

　まず、1から8までの目が書いてある正八面体のサイコロを4つ振り、出てきた目をそれぞれ4枚の小切手の額面に記す。その4枚を双子に渡し、2人の間で納得がいくやり方で分けるように指示した。もし、分け方でうまく折り合いがつかない場合は、その分は自分に返すようにという条件つきである。

　ところが、双子ときたら、協力して自分の取り分を増やそうという方向にはまったく頭が働かないらしい。例えば、額面が1, 2, 3, 7の小切手4枚がある場合、1人が1, 2, 3の3枚を取り、もう1人が7の小切手を取るのが、一番得なはずだが、相手に自分より1ペニーでも多く取られるのが癪なばかりに、ダムが1と2の2枚を取り、ディーが3の小切手を取るだけで、残った7の小切手は伯父に返す始末である。そういうやり方のおかげで、サイコロの目の出方が悪い場合は、

小切手を全部伯父に返す羽目になったこともある。

　最初の問題は，4つのサイコロの目がどういう出方をすると，双子が全小切手を伯父に返すことになるか，そういう場合をリストアップしていただくことだ。

　さて，新年を迎えたときのお年玉はいつもよりグレードアップしようと考えて，伯父は，1から100までの目を持つルーレットを10回まわし，その目を記した10枚の小切手を双子に渡して同じことをしようと考えている。

　双子は，金額と枚数が増えたことは喜んでいるが，うまく折り合いがつかなくて，結局，全部を伯父に返すことになるのではと恐れてもいる。そこで次の問題は，実は双子の心配は杞憂で，2人の得るお年玉の金額が0になることはないことを証明してもらうことだ。もちろん，これは2人の得る小切手の総額が同じになるようにできるということであり，1人が多くもらって差額の半分を小銭でもう一方に払うなどという小賢しさは，2人とも持ち合わせていない。

第46話の解答

　最初の問題だが，4枚の小切手の中に同額のものがあれば，まずそれを2人で1枚ずつ取ればよいから，小切手の額面が全部違っていない限り，全部を伯父に返すことはない。1から8までの目から重複がないように4種の目を選ぶのは $_8C_4 = 70$ 通りあるが，この程度なら，全部を調べて，双子がうまく同額を取れないような組み合わせを探すことが可能だ。実際，そのようにして調べた組み合わせを辞書式に羅列すると，1-2-4-8，1-4-6-8，2-3-4-8，2-4-5-8，2-4-7-8，3-4-6-8，3-5-6-7，3-6-7-8，4-5-6-8，4-6-7-8 の10通りがある。

　ついでながら，正八面体ではなく，普通の立方体サイコロを4つ振って同じことを行った場合は，全部の小切手を返さざるを得なくなることはない。1から7の目が出るルーレットを使った場合は，上のリストにある 3-5-6-7 が出たときを例外として，双子は何がしかの小遣いを得る。

　第2の問題は，しらみつぶしに調べて解こうとすると $_{100}C_{10}$ 通りを検討しなければならなくなる。うまく探索すれば，いくつかのパターンはまとめて処理できるから，実際に調べるパターンはずいぶんと減らせるとはいえ，そのような調査はコンピューターでやっても簡単ではあるまい。

しかし，実は，先の10通りの組み合わせに共通する性質に気がつけば，しらみつぶしの調査など行わなくとも，比較的簡単な推論だけで結論が得られるのだ。それは，4つの数からいくつか選んでその和をとることで作れる数が何種類あるかを考えることだ。

　わかりやすい1-2-4-8で検討してみよう。2進法を学んだことがあればすぐわかるように，1，2，4，8からいくつかを選んで足し合わせることで，0から15までのすべての整数，すなわち16種類の整数が作れる。これは他の組み合わせでも同じことで，次の1-4-6-8からも，最後の4-6-7-8からも，（実際に作れる数値は違っているが）全部で16種類の数が作れる。この性質こそが，まさに双子が得る金額をゼロにする要因なのだ。

　数の集合Aの要素の総和をAの重みと呼ぶことにしよう。一般に集合Xのサイズ（要素の数）をnとするとき，Xは全部で2^n種類の部分集合を持つ。Xの各部分集合の重みを考えたとき，その値がことごとく異なっていれば，つまり全部で2^n種類の重みがあれば，Xからの異なる2つの部分集合AとBを選び出し，その重みを一致させることは明らかに不可能である。逆に，重みの種類が2^n未満しかない場合，（部屋割り論法により）重みが一致する2つの異なる部分集合AとBがある。AとBは共通の数を含むかもしれないが，両方からその数を取り去った部分集合同士を考えても，重みは一致したままだからAとBには共通部分がないとしても一般性を失わない。

　さて，以上の考察を100以下の正の整数からなるサイズ10の集合Xに適用してみよう。Xは$2^{10} = 1024$種類の部分集合を持つ。これらの部分集合は，どういう重みを持ちうるだろうか？　要素はすべて正の数だから，明らかに重みが最小になるのは空集合の場合で，その重みは0だ。最大になるのは，X全体の場合だが，Xの要素はどれも100以下の整数だから$91 + 92 + \cdots + 100 = 955$以下だ。もちろん重みは整数値だから，$X$の部分集合が取りうる重みの可能性が956種類を超えることはない。したがって1024種類の中には，同じ重みを持つ異なる部分集合AとBで互いに共通部分を持たないものが存在する。Xを伯父のルーレットが出した目の集合とすると，ダムがAに属する数値を額面として持つ小切手を取り，ディーがBに属する数値を額面として持つ小切手を取れば，全部を伯父に返す羽目になることはない。

第47話 怪しい鉄道運営

　イモムシ探偵局に鏡の国の白の王様から調査依頼が来た。鉄道運営で何やらけしからんサボタージュか不公平が行われているのではないかというのだ。その依頼によると次のような話である。

　鏡の国には，東西に走る鉄道路線があり，チェスの駒にちなんだ名前の8つの駅の間を結んでいる。西の終点は西ルーク駅で，そこから東へ，西ナイト駅，西

ビショップ駅，クイーン駅，キング駅，東ビショップ駅，東ナイト駅と順に並んでいて，その次が東の終点の東ルーク駅だ。走っている列車は1本だけで，両終点間をシャトル運行しているという。

王の側近の白騎士は，走る列車を見るのが大好きで，最寄りの東ナイト駅までよく散歩する。駅のすぐそばの喫茶店でコーヒーを飲みながら列車が駅に入ってくるのを待って，それを眺めてからまた歩いて帰るのが日課のようになっている。ところが，白騎士は妙なことに最近気づいた。それは，列車が最初に駅に入ってくるのが，東からよりも西からのほうが圧倒的に多いことだ。ここ数カ月の統計をとってみると，西から来るほうが東からよりも3倍半も多かった。

というわけで，白の王様の依頼は，まさか秘密の線路を通って列車が東から西に戻されているわけでもないだろうが，ともかく列車のシャトル運行がちゃんと公平に行われているかを調査してほしいということだ。

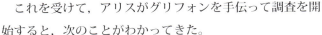

これを受けて，アリスがグリフォンを手伝って調査を開始すると，次のことがわかってきた。

● 白騎士が散歩で駅に着く時間は，まったくランダムで，列車の運行ダイヤグラムとは何の相関もない。
● 列車はどの駅間もピッタリ10分で走っており，終点以外の駅で止まっている時間は無視できるほど短い。
● 列車は東西の終点では一定時間休んで次の運行に備えるが，時間がくると遅滞なく逆向きの運行を開始する。

ここまで知らせた段階で，グリフォンは「ああ，それなら，問題は何もないね。おそらく鉄道運営はまったく公平だ。そしたら，終点での列車の停止時間は20分くらいだよね」と言った。アリスが調査メモを見ると，確かに停止時間は20分であったが，どうしてグリフォンにはそれがわかったのだろうか？

このごろ利用者が増えてきているので，鏡の国鉄道では，線路を複線にして，運行する列車の本数を増やそうかと考

えているが，2本の列車が運行している場合，白騎士が最初に見る列車が，東西どちらから来るかの比率はどうなるだろうか？

さらに，一般にn本の列車が運行している場合はどうなるだろうか？ ただし，各列車の運行の仕方は1本だけの場合とまったく同じで，他の列車とは調整などせずまったく独立に動くものとする。

第47話の解答

列車の運行を下図のように表してみよう。横方向の矢印で駅間の移動とそれに要する時間を表し，縦方向の矢印で終点での停止時間を表す。

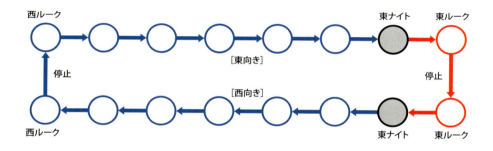

落ち着いて考えれば，列車の運行に変な点は少しもなく，最初の問題はやさしいことがわかる。東ナイトは終点の東ルークの隣りの駅であり，白騎士が駅に着いたときに，列車が右の赤線部のどこかの状態にあれば，次に東ナイト駅に来るのは東からである。反対に，左の青線部のどこかの状態であれば，次に東ナイト駅に来るのは西からである。

騎士の到着時刻は，列車の運行と無関係だから，騎士が最初に東ナイト駅に列車が入ってくるのを見るのが西からか東からかの比率は，図の赤線部の時間と青線部の時間の比に等しいはずである。終点での停止時間をx分とすれば，赤線部の時間は$20+x$分，青線部の時間は$120+x$分だ。白騎士の観察によれば，西からのほうが3倍半も多いということなので，$20+x : 120+x = 1 : 3.5$という比例式を解いて$x=20$が得られる。グリフォンは，こうして終点での停止時間を求めたのだ。

実は，この問題の種は，かなり古いものであり，ジョージ・ガモフとマーヴィン・スターンが1958年に書いた"Puzzle-Math"という本でエレベーターの運行について述べたのが初出ということになっている。ガモフは，ビッグ・バン理論で著名な理論物理学者であり，トムキンス氏を主人公とする一連の物語など，難解とされる物理理論をわかりやすく解説する啓蒙書をたくさん書いているから，科学好きの読者にはおなじみだろう。上のPuzzle-Mathという本は，日本では比較的最近になって翻訳され，『数は魔術師』（白揚社，1999年）というタイトルで出版された。

　ところが，多少問題ありで，「列車の本数が増えても，最初の列車が東西どちらから来るかの比率は1本の場合と変わらない」という旨の記述があるのだが，これは実は間違いである。この種の誤解は，条件つき確率を考える場合によく起こる。2本の列車にA，Bと名前をつけたとき，Aが東西どちらから来るかの比率は，もちろん1本の場合と変わらないし，それはBについても同じなのだが，「AがBより先に東ナイト駅に着く」という条件下では，「Aが東西どちらから来るかの比率」は，3.5：1ではない。これはBが先に着いた場合でも同様で，その場合に「Bが東西どちらから来るかの比率」は，3.5：1ではない。

　もちろん，この間違いに気がついたのは筆者が最初ではなく，調べてみるとTeXで有名なドナルド・クヌースが1969年に"The Gamov-Stern Elevator Ploblem（ガモフとスターンのエレベーター問題）"というタイトルの論文を書いて，この問題を詳しく論じていた。残念ながら『数は魔術師』ではこの誤解については何も触れていないので，「パズルの国のアリス」で取り上げておこうと考えたのだ。

　さて，列車は180分かけて左ページの図のサイクルを1周するが，赤線部分の割合をp，青線部分の割合をqとして，一般的に問題を扱うことにしよう。もちろん$p+q=1$で，計算の便宜上$p\leqq 1/2$とする。まず列車が2本の場合を考えてみると，白騎士が東ナイト駅についたとき，両列車とも図で赤線の部分にあれば（確率p^2）最初の列車は当然東から入ってくるし，両列車とも青線部分にあれば（確率q^2）西から入ってくる。問題は，両区間に列車が1本ずつ分かれていた場合で（確率$2pq$），その場合に西からの列車が先に来る確率は，ちょっと工夫して考える必要はあるが$p/2q$であることがわかる。したがって最初の列車

が西から来る確率は $q^2 + 2pq \times p/2q = q^2 + p^2$ である．反対に東から来る確率は $1 - q^2 - p^2 = 2pq$ だ．鏡の国鉄道と東ナイト駅の場合，$p = 2/9$，$q = 7/9$ だったから，それぞれ，53/81 と 28/81 で東西の比率としては 2 倍以下に下がる．

　列車が n 本の場合を上のような分類で解こうとすると，分析も計算も複雑になる．クヌースはさすがで，この複雑な分類や積分計算を見事にやってのけているが，筆者はもちろん，多くの読者もそのような解法を望まないであろう．エレガントな解法としてクヌースも最後に書き加えている方法があり，実は，うまく考えれば，分類や計算を著しく減らすことが可能なのだ．列車の運行サイクルを下図のように3つの区間（赤，青，緑の線）に分けよう．

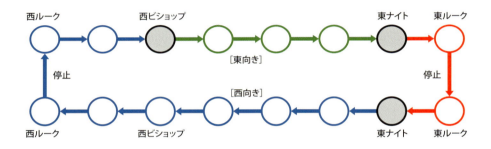

　こうしておいて，騎士の到着後に最初に東ナイト駅に着く列車（便宜上Fと名づける）のことだけを考えるのだ．騎士が見る最初の列車はもちろんFだから，Fが騎士の到着時に赤の区間（東ナイト駅［東向き］→東ナイト駅［西向き］）にいれば西向きだし，緑または青の区間にいれば東向きだ．ところで，Fが赤線の区間にいる可能性と緑の区間（西ビショップ駅［東向き］→東ナイト駅［東向き］）にいる可能性はどちらが高いだろうか？　このどちらも 40 分の区間だからまったくの五分だ．Fがそのどちらでもない青の区間（東ナイト駅［西向き］→西ビショップ駅［東向き］）にいる可能性がある分だけ，西から来る確率が高くなっている．だから，Fが青の区間にいる確率を求めれば，問題は解決する．

　さて，ここで他の列車のことを考慮に入れよう．Fは他の列車より先に東ナイト駅に着くというのが前提だった．すると，他の列車が赤や緑の区間にいる可能性はない．逆に，どの列車も青の区間にいるならば，当然Fも青の区間にいる．

というわけでFが青の区間にいることと全列車が青の区間にいることとは同値である。ある列車が赤の区間にいる確率をpとしたのだった。緑の区間も，列車がそこにいる確率がpとなるように決めた。したがって，ある列車が緑でも赤でもない区間，すなわち青の区間にいる確率は$1-2p=q-p$である。当然，（無関係に運行する）n本の列車がどれも青区間にいる確率は$(q-p)^n$となり，これはFが青区間にいる確率に等しい。ゆえに白騎士が最初に見る列車が東から来る確率，すなわちFが赤区間にいる確率は$(1-(q-p)^n)/2$であり，反対に西から来る確率，すなわちFが緑か青の区間にいる確率は$(1+(q-p)^n)/2$だ。鏡の国鉄道と東ナイト駅の場合，$q-p=5/9$を代入すればよい。

ところで，n本の列車が互いに無関係に運行するというのは，まったく非現実的な仮定であり，むしろ等間隔に運行させないと，鉄道運営側のサボタージュが疑われることは間違いない。列車の運行が等間隔だという仮定のもとでは，騎士の問題もまた違った様相を呈する。興味のある読者は考えてみられたい。

第48話 フレームと筋交い

　田の字形のフレームを前に大工が難しい顔をしている。よく見るとフレームは少し歪んでいるようだ。

　「なんだ？　そりゃ」とセイウチが大工の背に声をかけた。大工はセイウチを振り返って，「ああ，今度もチェス王室からの依頼で格子状のフレームを作れというんだ。ただし，使わないときには小さく折りたためるようにという注文だ。それで試作したのがこれさ」。

　「フレーム枠の一つ一つは同じ長さの細い金属板で作ることにして，その端同士をビスでつないで，そこを関節にして自由に曲げられるようにした。ほら，こんな風にさ」と言って，大工は田の字形のフレームを曲げて見せる。

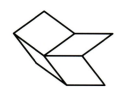

28

「もちろん，実際に使うときは，こんなにグニャグニャでは具合が悪いから，×字形の筋交いを格子マスに入れて，固定しようというわけさ。こんな風にね」

「そこまではいい。ところが，チェス王室のやつら，予算が限られているので，使う筋交いの数をなるべく少なくしろというのさ。力はさほどかからないのでとりあえず全部のマス目が正方形の形を保てればよいのだが，筋交いはそんなにやたらに減らせるものではない。例えば横1行の全マスから筋交いを抜いてしまうとこんな風に潰れてしまうからダメだ。同様に縦1列の全部もダメだ」

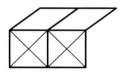

「なるほど」とセイウチ。「各行各列のどこか1マスには筋交いがいるというわけだな。じゃ，対角線上のマスだけに筋交いを入れたら……おっと，今度はこんな風に歪むのか。これじゃダメだ」。

「そう。試作したこの田の字形のフレームの場合，どこか3カ所に筋交いを入れれば，どうやら安定するようだ」と大工。

「しかし，もちろん，王室からの注文はこんな2×2のフレームではなく，もっとサイズの大きいものだから，一体，筋交いを何カ所どこに入れたらよいものかと考えていたのさ」

というわけで，読者に考えていただきたいのは，上のような平面フレームでサイズ$m \times n$のものがあるとき，筋交いがどのように入っていれば，（小さな力を加えても）全体が安定した長方形の形に保たれるかということだ。

第48話の解答

筋交いの入れ方の1つを見つけるのは簡単だろう。例えば，最左列と最下行のマス全部に筋交いを入れれば安定する（3×4の場合を下図に示す）。

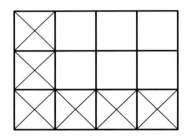

しかし，筋交いの入れ方はそれ以外にもあり，例えば，縦横のサイズの差が1ならば，対角線上のマス2列すべてに入れてもよい（下図）。

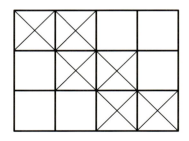

このどちらの場合も，筋交いの数は$m+n-1$と表せる。また，$1 \times n$のフレームの場合，全部に筋交いを入れる必要があるのは明らかだから，この$m+n-1$が筋交いの数として必要かつ十分であることが予想される。そしてそれは実際正しい。

もちろん，どこに筋交いを入れてもよいわけではないが，実は，その場所を定めるのも簡単である．最初のうちは好きなところに筋交いを入れていけばよい．するとだんだんと正方形の形を保つマス目が増えていくから，まだ正方形になっていない場所があれば，そういうところを1つ選んで筋交いを入れる．こうして全マス目が正方形を保つようになったら終了である．しかし，このときにちょうど $m+n-1$ 個の筋交いが入っているというのは納得しがたいかもしれない．

　その説明にはグラフ理論を用いるのがよいのだが，その前に，筋交いを入れるというのがどういうことなのか分析しておこう．下図左は何も筋交いの入っていないフレームであるが，まったくでたらめというわけではない．赤の辺はいずれも平行である．2本ずつで平行四辺形（ひし形）の対辺を構成しているのだからこれは当然だ．同様に青の辺もすべて平行である．さて，右上のマス目に筋交いを入れるとどうなるか考えてみよう（下図右）．この結果，赤の辺と青の辺が垂直になる．ポイントは，筋交いを入れた当のマス目の辺だけでなく，どの赤の辺と青の辺も垂直になるということだ．

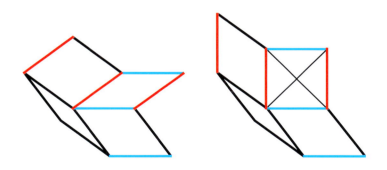

　$m \times n$ のフレームの場合を考えると，まず，（上の赤の辺のように）横方向に $n+1$ 本並ぶ平行辺のグループが m 個ある．それらのグループを上から G_1, G_2, $\cdots$, G_m と名づけよう．同様に，（青の辺のように）縦方向に $m+1$ 本並ぶ平行辺のグループが n 個あるので，左から H_1, H_2, $\cdots$, H_n と名づけよう．上から i 番目，左から j 番目のマス目に筋交いを入れるということは，G_i に属する辺と H_j に属する辺とを垂直にするということに他ならない．

　このあたりでグラフ理論に登場願おう．紙の左側にグループ G_1, G_2, $\cdots$, G_m を表す m 個の点を描く．右側にはグループ H_1, H_2, $\cdots$, H_n を表す n 個の点を描く．

この左右の点を辺でいくつか結んだグラフを考え，そのグラフでG_iとH_jが結ばれているとき，上からi番目，左からj番目のマス目に筋交いを入れる。するとG_iの辺とH_jの辺とは直交する。さて，この$m+n$個の点からなるグラフが連結（どの2点をとっても，何本かの線をたどることでその2点がつながっている）としよう。このときどのG_iの辺とどのH_jの辺も垂直になることは明らかであろう。したがってフレームのマス目はどれも正方形でありフレームは安定する。逆にグラフが非連結とすれば，異なる連結成分に属するグループ内の辺同士はその交叉角に関して何の制約も受けない。したがってフレームは不安定になる。$m+n$個の点を結んで連結にするために必要かつ十分な辺の数は，もちろん$m+n-1$である。

最初の3×4のフレームの筋交いの例について，このグラフを描くと下図のようになり，これらはもちろん連結である。

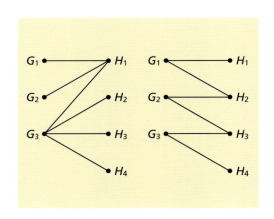

第49話 マハラジャの風変わりな賭け遊び

　このところ，不思議の国も鏡の国も，どこからか現れたお大尽のうわさでもちきりである。インドのマハラジャの出身ではないかと囁かれているその人物は，誰かれとなくつかまえては次のような風変わりな賭けをもちかけるのだ。銀貨を1枚ポケットから出させて，それを投げる。裏が出たらその銀貨は没収されるが，表が出たらそれを3枚の銀貨と交換してくれる。銀貨は特に歪んでもいないから，お大尽が勝つこともももちろんあるが，長い目でみれば赤字になるはずだ。

　アリスが興味津々で会いに行くと，その人物は賭けの結果のやり取りを記録したノートを眺めて悦に入っていた。

　「ひゃっはっは，もう赤字が銀貨500枚にもなったぞ。面白いのう」

　何が面白いのかアリスにはお大尽の気持ちはわからないが，のぞき込むとノー

33

トにはこれまでの賭けの結果と赤字の合計額が克明に記録してあった。

「このまま続けると，やがて赤字が銀貨1000枚を超えようが，いつごろになるかのう？」

「その賭けを1日何回やるかによるでしょうけど」とアリス。

「さよう。大体，1日3回強で，1カ月では100回くらいじゃのう」

読者には，まずウォーミングアップとして，このペースで賭けを続けていくと，赤字額が銀貨1000枚を超えるのが，何カ月後くらいかを計算していただこう。もちろん，銀貨を投げて裏表どちらが出るかは半々とする。

さらにお大尽は「おう，このノートによると，黒字になったことは一度も無いようじゃ。残念じゃのう」と少しも残念でなさそうに言う。

「この先も赤字はどんどん増えるだろうから，黒字になることなどはなかろう。赤字の枚数でもこのノートに記されたことのない数がポツポツとあるようじゃ」

さて，読者への次の問題は，この後も限りなくこの賭けを続けるとして，この場合のように，一度も黒字にならない可能性はどのくらいあるかを計算してもらうことだ。また，赤字の枚数としてノートに記されることのない数は，自然数全体の何パーセントくらいになるだろうか。

第49話の解答

ウォーミングアップ問題は簡単であろう。負けると1枚と3枚の交換なので2枚の赤字になる。したがって1回の賭けは，1枚の黒字になる可能性と2枚の赤字になる可能性がそれぞれ1/2だから

$$1 \times 1/2 + (-2) \times 1/2 = -1/2$$

で，銀貨1/2枚の赤字が期待値である。よって，現在500枚の赤字が1000枚になるにはさらに500枚の赤字を出す必要があり，それには $500 \div 1/2 = 1000$ 回くらい賭けを行う必要がある。月100回のペースで行うとそれには10カ月くらいかかる。

次は，一度も黒字にならない可能性であるが，これはうまく分析すると，簡単な方程式を立てることができる。それを解くことで計算するのがよいようだ。

一度でも黒字になることがある確率を x としよう。すると，決して黒字になら

ない確率は$1-x$であるが，そのためには最初の賭けでは負けねばならず（確率$1/2$），その結果，銀貨2枚の赤字になる。ここから先で黒字になる可能性を検討してみよう。

　この賭けは，お大尽が勝ったとしても取り戻せる銀貨は1枚だけだから，黒字になるとすると，どこかで赤字が1枚になり，次に0枚になり，その後にやっと黒字になるしかない。では，赤字2枚がどこかで赤字1枚になる確率はどのくらいだろうか。実は，他の条件はまったく同じだから，これは0枚から始めてどこかで黒字になる確率に等しい。つまりxである。同様に1枚になった赤字がどこかで0枚になる確率もxであり，そして，それが黒字に変わる確率もxである。逆に言えば，そういうことが起こらない限り黒字になることはない。したがって，「一度も黒字にならない（確率$1-x$）」のは「最初に負けて（確率$1/2$），その後黒字になることが3回は起こらない（確率$1-x^3$）」ことだから，$1-x=1/2(1-x^3)$という3次方程式が立つ。この方程式は解を3つ持つが1つは1であり，もう1つは負の値になる。最後の解は，お馴染みの黄金比$\phi=(-1+\sqrt{5})/2\simeq 0.618034$だ。これがどこかで黒字になる確率であり，逆に黒字に決してならない確率は$1-\phi\simeq 0.381966$である。ついでながら，黒字2枚になることがある確率はϕ^2，黒字3枚になることがある確率はϕ^3である。

　最後の問題は，かなり厄介かもしれない。黒字になったことがないということから，最初は負けたはずなので，赤字2枚という記録はあるに違いない。そして，赤字1枚という記録が書かれない可能性は$1-\phi$である。では，3は？……というふうに順に考えるのはきりがないようだ。そもそも知りたいのは自然数全体の中でのノートに記されることのない数の割合だから，十分大きなnという値が決して出てこない可能性を考えればよい。どういう場合に，それが起こるかというと，赤字$n-1$枚のときに負けて，赤字$n+1$枚になり，その後決して赤字n枚に戻ることがなく，その前にも赤字n枚だったことがないというケースである。つまり，ある負けで，赤字枚数がその数値nを飛び越えてしまい，その前にも後にも赤字額がnに達することがなかった場合だ。

　そこで，今，賭けでのある負けを1つ固定して考えよう。それにより赤字額は2増える。このとき飛び越えた赤字額がその後にノートに記される確率は，明らかに先に計算したϕである。では，それ以前にノートに記されていた可能性はど

うだろうか。もし，この負けが非常に初期のものであれば，その可能性は小さい。しかし，相当回数の賭けをやった後の負けであれば，事実上，永劫にわたってその賭けを繰り返してきた場合と同じと考えて差し支えない。この場合，対称性から，そのとき飛び越えた数値が既にノートに記されている確率も ϕ であることが簡単にわかる。したがって1回の負けがノートに記されることのない数値を生み出す確率は $(1-\phi)^2$ である（厳密には，上で述べたように，この負けが初期のものであれば，既にその数値がノートに記されていた可能性は小さくなるので確率はもっと大きくなる。しかし，あとのほうの負けであればあるほど，確率はこの値に近づく）。

　今，大きな N という数値を固定して，赤字が N 枚に達するまでに賭けを何回やらねばならないか考えると，ウォーミングアップ問題のときに考えたようにそれは大体 $2N$ 回である。そのうち，勝ちは大体 N 回，負けも N 回である。この N 回の負けが，ほぼ $(1-\phi)^2 N$ 個のノートに記されない数値を生み出す（最初のうちは，もっと高い頻度で生み出すが，次第にこの頻度に近づく）。したがってノートに記されることのない数値の比率は N が大きくなるにつれ，$(1-\phi)^2 N/N = (1-\phi)^2 \simeq 0.145898$ に近づく。

第50話 交差しない弾道

　スペードとハートの兵士たちが合同演習をするという。アリスがいつもはクローケーグラウンドとしてしか使われていない練兵場に行ってみると，ハートとスペードの兵士部隊各10人だけでなく，王侯たちも集まってガヤガヤとやっている。

　やがて演習が始まり，各部隊の司令官を務めるジャックの号令一下，兵士たちはグラウンドに散ったが，方向や距離はほとんどでたらめだ。各兵士が十分離れたころに，ハートのジャックが拡声器で声を張り上げる。

　「全員が全員を見通せるか？　重なっているようなことはないな。よおし」と言って右手を大きく上げると，ハートの兵士はそれぞれ銃を構え，スペードの兵

士の1人を狙う。ジャックの右手を振り下ろす合図とともに，一斉に射撃した。

　怪我をしないように，銃に込められているのは当たっても弾けてインクが飛び散るだけの弾丸だが，アリスが感心したことには，全員命中である。しかも，1人が2発の銃弾を受けることもなく，10人のスペードの兵士が1発ずつ銃弾を受けて全滅という筋書きだが，このトリックは簡単で，エースはエース，2は2を狙うというふうにあらかじめ取り決めてあったらしい。

　ハートのジャックは「どんなもんです」という顔で王侯たちを見た。次はスペードの番だということで，スペードのジャックに指揮権を渡そうとすると，そこで，例によってハートの女王の気まぐれが始まった。

　「ふうむ。よく訓練してあるようじゃの。しかし，気に入らんことが1つある」
　「へ？」2人のジャックが互いの顔を見合わせると，ハートの女王はスペードのジャックに言う。「1人が1人を倒すのはよい。気に入らんのはその弾道じゃ。今の射撃では，上から見ればいくつかの弾道が交差しておった。次は，スペードの射撃番じゃろうが，今の位置のままでよいから弾道が交差しないようにして，ハートの兵士を全員倒してみよ。さもないと打ち首じゃ」。

　「弾道なんかどうでもよい」という言い分はハートの女王には通用しない。ジャックが困っているのを見て，スペードのエースがアリスを手招きしていた。

　読者への問題は，そもそも女王の言うように，上から見たとき弾道が交差しない狙い方があるということの証明である。また，そのような狙い方を実際に発見するために，スペードのエースがアリスを伝令としてジャックに授けた方法はどんなものだったろうか。もちろん，ジャックは，全員の位置を知った上で，各スペード兵士がどのハート兵士を狙うべきかについて細かく指示を出すことができる。

:::

第50話の解答

　ジャックに伝えられた方法自体は少しも難しいものではない。当然だが，上から見たときの弾道は直線である。したがって，標的の設定で弾道が交差しているようであれば，その交差をほどくように各自の標的を単純に交換していくのだ。

　例えば，エースはエース，2は2を狙うと決めてあれば，右ページの上図のように弾道のいくつかは交差しているかもしれない（簡単にするため，兵士はハー

ト，スペードとも5人にした）。

　この場合は，オレンジ色で示した弾道2つ（♠A→♥Aと♠2→♥2）が交差しているので，スペードのAと2は標的を交換する。そうするとその交差は解消する（右下図，青の弾道）。この処理を弾道の交差がなくなるまで，次々と繰り返せばよいのである。もちろん，その当の交差が解消しても，他のところに別の交差ができないとは限らない。場合によっては，この処理によって交差の数が増えてしまうことだってある。では，何ゆえに，この処理を続けることで交差がやがて消えてしまうと断言できるのだろうか？

　実は，その問いに対する答えは，弾道の長さの総和を考えることにある。上の

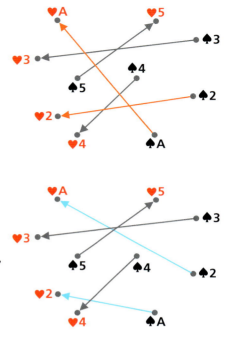

2つの図を見比べると，違いはオレンジ色と青の弾道だけであるから，その長さの総和も，オレンジ色の弾道と青の弾道の分だけ異なる。三角形の2辺の和は1辺より長いから，オレンジ色の弾道の長さの和は明らかに青の弾道の長さの和より大きい。したがって，交差している弾道を先のようにほどいていくと，交差箇所が減っていくという保証はないが，弾道長の総和は確実に小さくなっていくのである。

　1人が1人ずつを狙う場合，一般にn人の兵士に対する標的の指示の仕方は$n!$通りあるが，この数はしょせん有限だから，弾道長の総和がそれ以上小さくならない狙い方がある。この狙い方が交差する弾道を含まないことは言うまでもない。上の例で挙げた5人ずつの兵士配置の場合，手順によっては別の結果になることもあるが，例えば右図のような狙い方をすれば，弾道は交差しない。

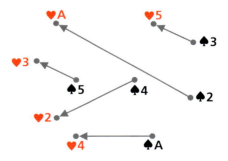

しかしながら，一般にランダムに配置されたハート兵士とスペード兵士がn人ずつの場合，弾道が交差しないように標的を設定するという問題は，解くのに相当に手間がかかりそうである．各兵士の標的が与えられたとき，その弾道が交差するか否かは多項式時間で判定できるので，いわゆるNP問題であるのは明らかだが，NP完全なのか，それともユークリッド平面幾何の性質をうまく使って，多項式時間くらいで簡単に解ける問題なのか，興味深いところである．ご存知の読者がおられれば，是非，お教えいただきたい．

第51話 もっと赤字を！！

　アリスは，例のマハラジャの出身ではないかと噂されているお大尽のところを，また訪ねていた。この人物は，酔狂にも，自分が不利とわかりきっている賭けをやたらと持ちかけては，赤字がかさんでいくのを楽しんでいるのだ。ポケットから銀貨を出させてそれを投げる。裏が出れば勝ちでその銀貨を没収するが，表が出れば負けでそれを3枚の銀貨と交換してやるというものだ。

　「どうですか？　赤字は，さらに溜まりましたか？」とアリス。
　「ウーム。それがなかなか溜まらなくての」とお大尽。

「先日，賭けの結果を記録していたノートが一冊尽きてしまったのじゃが，赤字額があまり大きくなっていなかった。そこで，新しいノートに切り替えたタイミングで，賭けのやり方を変えることにした」
　「え？」
　「勝ったとき銀貨を没収するのは同じだが，負けたときは，さらに気前よく4枚の銀貨と交換してやることにした」
　「ということは，負けると3枚の赤字ということですか？」
　「そうじゃ」とお大尽。「それに，賭けの結果を毎回記録するのも面倒だ。そこで，負けているときは愉快じゃから，どんどん賭けを続けることにして，勝ったときにだけそのときまでの累計をノートに記すことにした。するとすごいぞ。累計額も，新しいノートに替えたときを0にして，あらためて数え始めたのじゃが，最初，3回立て続けに負け，次にやっと勝ったから，いきなり銀貨8枚の赤字と記録された。その後も10枚，15枚と順調に赤字が伸びておる。実に気持ちがよいのう」と，アリスにノートを見せた。
　さて，この酔狂なお大尽の遊びには，アリスだけでなく読者もあきれておられると思うが，この辺りで問題である。今，ノートの赤字累計は偶数枚としよう。次に記される赤字累計が再び偶数になる確率はどのくらいだろうか？
　また，赤字累計として次に奇数が記録されるまでには平均で何回くらいこの賭けをやる必要があるだろうか？　もちろん，銀貨を投げたとき，表裏どちらが出るかは半々とし，累計額が記録されるのは裏が出てマハラジャが勝ったときのみとする。

第51話の解答

　最初の問題は簡単だろう。代表的な解法のひとつは，等比級数の和を計算することだ。今，赤字累計が偶数だったとする。次に勝つ（確率1/2）と黒字1枚をノートに記録することになり，その結果，奇数枚の赤字累計が記される。一方，負けると赤字は3枚増えるがこのときはノートには何も記入されず，その次に勝つ（確率1/4）と累計で赤字2枚となり，ノートに累計偶数枚の赤字が記録される。一般に，n回続けて負けたあとに勝つ（確率$1/2^{n+1}$）と，そのとき記録される赤字枚数は前の数値に$3n-1$を加えたものになる。この値は，nが奇数のときに偶数となるので，現在の赤字枚数が偶数のとき，次に記録される赤字枚数がまた偶数になる確率は

$$1/2^2 + 1/2^4 + 1/2^6 + \cdots = \frac{1/4}{1-1/4} = \frac{1}{3}$$

である。

　この解法で何の問題もないのだが，方程式を立てて解く手法も紹介しておこう。第49話でも見たように，この手法は，確率を扱う場合にしばしば有効な手段となる。今，赤字累計値が偶数とし，次に再び偶数の累計値が書かれる確率をxとする。次に勝てば，奇数の累計値が記録されることになるので，そうならないためには，次は負けねばならない（確率1/2）。そして，その次に勝てばよい（確率1/2）。このとき負ければ（確率1/2），そこまでの赤字累計は偶数に戻り，現在の状況と同じになる。したがって

$$x = \frac{1}{2}\left(\frac{1}{2} + \frac{1}{2}x\right)$$

という方程式が成り立ち，これを解いても$x = 1/3$が得られる。「何のことはない。先の等比級数の和を求める計算と同じではないか」と思われる人も多かろうが，級数の式を作ったりその値を求めたりする手間がないので，その分，処理は簡単になる。

　次の問題も，さほど難しくはないが，見た目よりは厄介であろう。上に計算し

たように，次に記録される累計赤字が偶数になるという事象の確率は1/3だから，逆に奇数になる確率は2/3である。したがって，一般に1回の試行によってある事象が起こる確率がpのとき，そのような事象が起こるまでの試行回数の期待値が$1/p$であることを知っていれば，次に記録が奇数になるまでの記録の平均回数は3/2回になることがわかる。

しかし，問題は何回目の記録でそれが起こるかということではなく，それまでに投げた銀貨の枚数である。例えば，1回目の記録で奇数になったとしたら，それまでに投げた枚数の条件つき期待値は，

$$1/2 + 3/2^3 + 5/2^5 + \cdots = 10/9$$

を確率2/3で割ったものとなる。その値は5/3となるが，級数の和を含め実際に計算するとなるといささか面倒だし，これを計算できても，もとの問題自体はそれほど簡単にならない。しかし，一応この路線でも解は得られるので，続けてみよう。一方，1回目の記録が偶数になったとしたら，それまでに投げた枚数の条件つき期待値は，

$$2/2^2 + 4/2^4 + 6/2^6 + \cdots = 8/9$$

を1/3で割って8/3である。したがって，1回目の記録で奇数になった場合，2回目の記録で奇数になった場合，3回目の場合，……と期待値を累計して

$$\frac{5}{3}\cdot\frac{2}{3} + \frac{8+5}{3}\cdot\frac{2}{3^2} + \cdots + \frac{8n+5}{3}\cdot\frac{2}{3^{n+1}} + \cdots = 3$$

である。途中の計算で，一部でも方程式を利用すれば，かなり省力化されるが，いずれにせよ，「なんとへたくそな計算」と多くの読者があきれたであろうことは間違いあるまい。

その通りである。上の級数計算がどうして上記のような結果になるのかは，高校数学くらいの良い練習問題になりそうなので，残しておくが，もとの問題を解くだけなら，期待値の性質を利用することで，ずっと簡単に解が得られるのだ。

それは，Aという事柄を平均a回含むBという事柄があった場合，Bを平均b回含む事柄Cは，Aを平均でab回含むという当たり前の事実である。この問題の場合，(奇数であれ偶数であれ)ノートに累計が記録されるのは（銀貨の裏が出て）勝った後だから，2つの記録の間に投げた銀貨の枚数の期待値は1/2の逆数で2枚だ。また，偶数を記録したあと，次に奇数が出てくるまでには平均で3/2回の記録が必要だから，その間に投げる銀貨の平均枚数は$2 \times 3/2 = 3$であることがわかる。

　実は，上の期待値の性質に気がつかなくとも，簡単に結論を得る方法は他にもある。それは，勝ったときの黒字1枚も，負けたときの赤字3枚も，ともに奇数だということに着目することだ。したがって，現在の赤字累計が偶数だとすれば，（ノートに記録されようがされまいが）それから偶数回銀貨を投げた後では，累計は必ず偶数になっている。逆に，奇数回銀貨を投げた後では，累計は奇数だ。要するに，奇数回目の銀貨投げで裏が出たときにのみ奇数がノートに記録され，偶数回目の銀貨投げの結果はノートに記されても偶数だからまったく無関係である。よって，問題の期待値をxとすると，次にいきなり勝った場合（確率1/2）は奇数が記録されるがそれまでに投げた枚数はもちろん1枚であり，それ以外の場合はさらに1枚を投げた後で，（その結果にはかかわらず）もとの状況に戻るから

$$x = \frac{1}{2} + \frac{1}{2}(2 + x)$$

という方程式が成立する。これを解いても$x = 3$という解が得られる。

第52話 タイル壁の修復

鏡の国の大工のところにまた厄介な左官仕事が舞い込んだ。タイル壁の修復だが，今度はタイルの形がちょっと変わっている。同じ面積の直角二等辺三角形2枚を合わせた3種類の形のタイル（青，赤，グレー）を使って壁を貼るのだ。

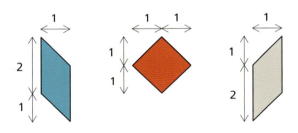

地震で壊れ落ちて修復が必要になっている部分は，点対称の形をしていて，大きさは右下の図のようである。

しかし，少し問題がある。壊れる前の壁には，青，赤，グレーのタイルを組み合わせて使うことで簡単な模様が描かれていたらしい。修理依頼者はその模様に思い入れがあるらしく，それをそっくりもとに戻すことが条件だ。ところが，もとの模様がどうだったかを完全に調べるのにはかなり時間がかかりそうなのだ。

タイルはかなり特殊な形なので，製造元では，そろそろ製造中止にしたいと言っている。発注するならなるべく早くし

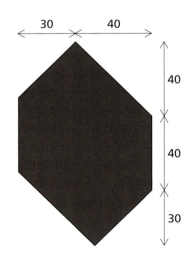

てほしいとのことだ。だが，模様がわからないと3種類のタイルがそれぞれ何枚必要かもわからない。

　グリフォンがたまたま鏡の国に来ていて，大工からその話を聞きつけた。「それは，頭の痛いことだね。タイルの模様については，他には何もわかっていないのかな？」

　「うーむ。青，赤，グレーのどのタイルも図に描いた方向にのみ置いて使われていて，回転したり裏返したりして使われてはいなかったということは確かだけど，こんなことがわかってもな……」と大工。

　それを聞いてしばらく考えていたグリフォン，ポンと手を打ち「あ，それなら，わかったぞ」と注文すべきタイルの各枚数を大工に教えた。グリフォンにはなぜそれが計算できたのだろうか？　また，大工は3種類のタイルをそれぞれ何枚注文すればよいだろうか？

第52話の解答

　この問題の元になっているのは，「カリソンの問題」と呼ばれているもので，フランスのプロヴァンス地方のお菓子の形にちなんで，そう名づけられたらしい．正三角形を2つ合わせた菱形のタイルを使うことを除けば，まさに今回の問題と同じだ．

　この問題に対しては，この連載コラムの大先輩である一松信先生が読者として解答をお送りくださった．もちろん，一松先生はカリソンの問題についてもご存じで，どう貼っても一定枚数のタイルセットが必要なことが証明できると書いておられる．

　まったくその通りで，カリソンの問題は「言葉がいらない」証明を持つ問題としてしばしば引き合いに出され，実際，証明としては右下のような図が描かれているだけのことが多い．

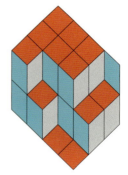

　この解答から，どんなことを読者が読み取るかを期待しているのかというと，例えば，次のような論法であろう．右の図は，元の問題の1/10のサイズの領域を試しにタイル貼りしたものだが，この図は，$3 \times 4 \times 2$の倉庫の一部に段ボールの箱を積み上げたかのように見えないこともない．この倉庫を真上から見れば，赤のタイルだけが見え，その枚数は明らかに$3 \times 4 = 12$である．また，左から見れば青のタイルだけが$2 \times 4 = 8$枚見える．右からではグレーのタイルだけが$2 \times 3 = 6$枚見える．使われているタイルは，これですべてである．模様をどう変えようと，結局積み上げる段ボールの数と積み方を変えたにすぎないから，使われるタイルの枚数は，いつでも青が8枚，赤が12枚，グレーが6枚だ．元の問題も同様で，倉庫のサイズが$30 \times 40 \times 20$になったと考えれば，青のタイルは$20 \times 40 = 800$枚，赤のタイルは$30 \times 40 = 1200$枚，グレーのタイルは$20 \times 30 = 600$枚使われていたことがわかる．

　このような図による証明で納得してしまえるなら，それでよいが，どういう模様もこのような段ボールを積み上げたような図になると言われても，筆者には少し納得しがたい面がある．というわけで，もう少し突っ込んで調べてみよう．

修復領域の各辺を右の図のように名づけよう。タイルは回転させたりせずに使うのだから，垂直な辺aに沿って貼るタイルは青かグレーのどちらかである。aと重なるそのタイルの辺をa_0とすると，タイルは平行四辺形だから，a_0の対辺a_1はa_0と長さが等しく平行である。次にa_1の右にもタイルがあるが，これも青かグレーのどちらかであり，そのタイルに関するa_1の対辺a_2もまた長さが等しく平行で

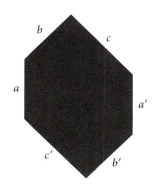

ある。こうして，下の図のように辺aから右に向かって並ぶ青かグレーのタイルの帯が見つかり，それは辺a'に達して終わる。

問題の領域の場合，aの長さは青やグレーのタイルの縦の辺の長さの20倍であるから，このような帯が上から下へ20本並んでいる。タイルには重なりがないから，帯にも重なりがない。次に，辺bに沿って貼

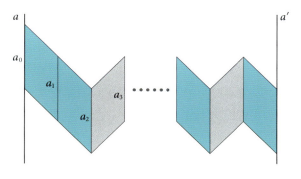

られるタイルを考えよう。このタイルは赤かグレーのどちらかである。上と同様の考察により，bからb'へ至る赤かグレーのタイルによる帯が30本見つかる。さて，このb-b'群の帯の1本と先のa-a'群の帯の1本とは，明らかに少なくとも1ヵ所で交差する。その交差点のタイルは共通だからグレーでなければならない。計20本のa-a'群帯と計30本のb-b'群帯は，全体で$20 \times 30 = 600$ヵ所で交差し，そこのタイルはグレーだから，グレーのタイルが少なくとも600枚使われていることがわかる。同様にcからc'へ至る赤青タイルの帯を考えると，青のタイルが少なくとも$20 \times 40 = 800$枚，赤のタイルが少なくとも$30 \times 40 = 1200$枚使われていたことがわかる。

最後に，タイルには重なりがないので，面積を考えれば，それ以上にはもうタイルの必要がないことがわかる。

第53話 六角形タイルの悪夢

　不思議の国や鏡の国では，大概の左官仕事は，セイウチを助手に使って大工が請け負っている．ところが，やたらと妙な注文が多いのがこれらの国での左官仕事の特徴で，第52話に続いてタイル貼りの難問に取り組んでいただこう．

　今度の仕事は，正六角形を単位とする面のタイル貼りだ．タイルを貼る壁は，

右図のように単位正六角形を三角形状に配置した形をしている。1辺は六角形を単位として数えて6個分である。

また，タイルには，Aのような単位六角形を3枚つなぎ合わせた形のものを使う。ただし，向きを変えて使ってもよいから，Bのように置くこともできる。

「ふーむ。そもそも1枚のタイルが六角形3つ分なのだから，タイル壁の面積が六角形の3の倍数分でないと無理だな」とセイウチ。確かにその通りだ。ここで読者にはウォーミングアップとして，三角形状の壁領域は，1辺が単位六角形のn枚分とすると，$n \equiv 0 \pmod{3}$ または $n \equiv 2 \pmod{3}$ でないと，セイウチの条件を満たさないことを確認していただきたい〔$a \equiv b \pmod{d}$ は，aとbはdで割ったときの余りが等しいことを示す〕。

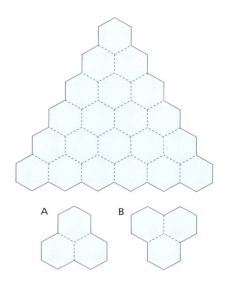

「で，この場合は，1辺が6で面積は21だから，貼れてもよいわけだ」とセイウチ。「では，こう置いてみると……」と色々と試してみたが，しばらくして「うーむ，どう考えてもこれは無理だな」。

「そうなんだ」と大工。「ついでだから1辺nの色々なサイズの三角形領域で考えてみた。$n = 1$は当然ダメ。$n = 2$は領域とタイルの形が同じだから，もちろんOKだが，それ以外はどのサイズの領域もうまくいかない。ところが，ほとんど諦め

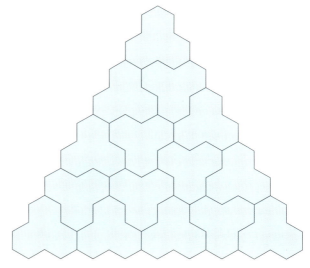

かけていたのに，$n=9$の場合を考えてみたら，ほれこの通りだ」(前ページの下図)。

「え，それじゃ，$n=8$の場合だって，なんとかなるんじゃないのか？」とセイウチ。「それがな，$n=3, 4, 5, 6, 7, 8$の場合はどうしてもうまくいかない。$n=10$の場合は，$10 \equiv 1 \pmod{3}$で，領域面積が六角形55個分になり，3で割り切れないから当然ダメなのだが，次の$n=11, 12$の場合はうまく貼れる。それで気をよくして，nが9以上なら$n \equiv 1 \pmod{3}$以外はうまくいくかと思うと，$n=14$はいいが，$n=15, 17, 18$と軒並みに失敗した。あまりのわからなさに，六角形が夢の中に出てきて，ダンスをしている始末だよ」。

実は，この大工の観察は正しい。厳密にいうと，三角形領域が前ページのA，Bのようなタイルで貼れるための必要十分条件は，$n \equiv 0, 2, 9, 11 \pmod{12}$というものなのである。読者には，次のウォーミングアップ問題として，$n=11, 12, 14$の場合の貼り方を考えるとともに，一般に$n \equiv 0, 2, 9, 11 \pmod{12}$の場合にうまくいくという証明を与えてほしい。

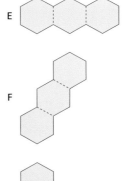

最後にこれは相当の難問だろうが，nが上の場合以外はタイル貼りができないという証明を考えてほしい。

また，上の問題を考える上で参考になるかどうかわからないが，右図のEのように六角形が3つ一列に並んだ形をしているタイルで，三角形領域を埋め尽くせるかどうかを考えるのも面白いだろう。この場合，向きを変えてタイルをF，Gのように置くこともできる。

第53話の解答

　ウォーミングアップ問題は少々易しすぎたようだ。1辺 n の三角形領域の面積は，六角形の個数に換算すれば，いわゆる三角数 $n(n+1)/2$ になる。これが3の倍数になるには，n または $n+1$ が3の倍数でなければならないので，もちろん $n \equiv 0 \pmod{3}$ または $n \equiv 2 \pmod{3}$ である。

　さて，以降の問題は，元の形のままで考えることも可能だが，タイル貼りの方法を示すにも，タイル貼りが不可能なことを証明するにも，各六角形を菱形に変形してしまったほうがわかりやすいように思う。まず，タイルが貼られる単位六角形からなる三角形状の領域を，菱形からなる右のような下がギザギザした木の形の領域に変形する。

　すると問題は，菱形3枚をつなぎ合わせた図 A′ のようなタイルとその向きを変えて置いた B′ のようなタイルでこの領域を貼るというものと本質的に変わらないことは納得していただけよう。

　例えば高さ9の木の形の領域は右図のようにタイル貼りができる。

　さて，この変形が行われた領域とタイルを使って，$n \equiv 0, 2, 9, 11 \pmod{12}$ のときに，高さ n の木がタイル貼りできることを示してしまおう。まず 2×3 の平行四辺形は，どちらの方向に置かれても，A′ と B′ でタイル貼りできることが右下図から明らかである。したがって，一般にサイズが $2k \times 3m$ の平行四辺形領域もタイル貼りできる。

　高さ2の木はタイルそのものであるし，高さ

9の木がタイル貼りできることは既に示した。したがって，高さ11の木も，下の左図のように分割すればタイル貼りができる。また，高さ12の木も下の右図のようにタイル貼りできる。

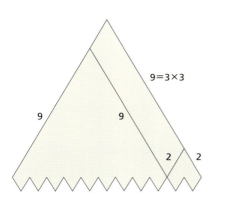
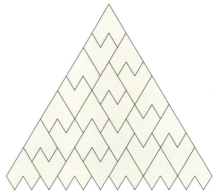

あとは簡単だ。12は2と3の公倍数であり，高さ2，9，11，12の木のタイル貼りはできているのだから，$n \equiv 0, 2, 9, 11 \pmod{12}$ の場合，高さnの木は，高さが2または9または11の木1つと，高さ12の木をいくつかと，あとは両辺に2の倍数と3の倍数をそれぞれ持つ平行四辺形に分割し，分割成分をそれぞれタイル貼りすればよい。この先は読者にお任せすることにしよう。

難題は $n \equiv 0, 2, 9, 11 \pmod{12}$ 以外の場合にはタイル貼りが不可能なことの証明だ。この種の証明によく使われる手法が色の塗り分けというテクニックである。読者は，チェス盤から隅のマス目を2つ取り去った右図のような領域がドミノ（サイズ1×2の長方形）型のタイルで貼ることができないという証明をご存知であろうか。

そのツボは，例えば，右のように市松模様に塗り分けることである。こうすると，ドミノタイルは，どういう位置と方向に置いても青いマスと白いマスを1枚ずつ覆うことになる。したがって，ドミノタイルで貼られる領域は同数の青マスと白マスから構成されていなければならない。ところが，この領域は青マスのほうが白マスよ

り多いので，ドミノタイルで貼ることはできない。

ところが，六角形（またはそれを変形した菱形）のこの問題は実にうまく選ばれており，色分け論法ではうまくいかないことが証明されている〔その証明は，コンウェイ（J. H. Conway）とラガリアス（J. C. Lagarias）が1990年に公表した論文 "Tiling with Polyominoes and Combinatorial Group Theory" で扱われているが，かなり込み入っているのでここでは詳述しない〕。

とはいっても，色分け論法はかなり強力ではある。六角形を一列に並べた直線型タイル E，F，G の場合でこれを見てみよう。菱形に変形した版で考えると，これは高さ n の木を右のような3種類のタイルを貼り合わせて覆うとい

う問題になる。E′ は1点でつながったタイルだが，もちろん切り離したりせずに使うということになる。

さて，この場合，木領域を右図のように上から青，白，赤と交互に色分けしてみよう。するとタイル E′ はどこに置かれようと同じ色の菱形マスを3つ覆うことになる。また，F′ や G′ は，青，白，赤のマスを1つずつ覆うことになる。ということは，高さ n の木がこの3種のタイルで覆われるためには，青，白，赤のマス数をそれぞれ

b_n，w_n，r_n とすると $b_n \equiv w_n \equiv r_n \pmod{3}$ が成り立たねばならないということだ。$n = 6$ の場合，この図からわかるように $b_n = 5$, $w_n = 7$, $r_n = 9$ であり，この関係が成り立たないから，直線型タイルだけでは覆うことができないといえる。では，逆に $b_n \equiv w_n \equiv r_n \pmod{3}$ が成り立てば覆えるかというと，残念ながらそうではない。これが色分け論法の限界で，実際 $n \equiv 8, 9 \pmod{9}$ の場合に $b_n \equiv w_n \equiv r_n \pmod{3}$ が成り立つが，実は高さ n の木で直線型タイル E′，F′，G′ だけで覆えるものはない。

というわけで，タイル A′，B′ を使う場合も，タイル E′，F′，G′ を使う場合も，覆えないということの完全な証明には，色分け以上の分別能力を持つ数学的ツールが必要である。そのためにコンウェイたちが考え出した道具が次ページの上図のようなグラフである（グラフはこのパターンで平面全体に広がっていると考え

られたい)。

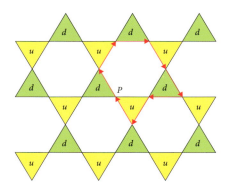

さて，タイル A′ と B′ の周を反時計回りに巡る路に下図のようなラベルをつけよう。要は右上に向かう場合 U，右下に向かう場合 D で，その逆方向に向かう場合は，それぞれ U^{-1} と D^{-1} である。

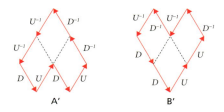

例えば A′ の左端の点からスタートすると $DUDUD^{-1}D^{-1}U^{-1}U^{-1}$ の順路となって元に戻る。ここでこの経路に従って，先のグラフ上をたどってみよう。その際，U のときはラベル u の黄色い三角形の周囲を反時計回りに進み，D のときはラベル d の緑の三角形の周囲を反時計回りに進むことにする。また，U^{-1}，D^{-1} では対応する色の三角形の周囲を時計回りに進む。すると，どの点からスタートしても，また同じ点に戻ることが確認できよう。例えば P という点からスタートすると，赤色の矢印をたどってまた P に戻る。B′ の周囲を巡る順路は $DDUUD^{-1}U^{-1}D^{-1}U^{-1}$ であるが，同じようにグラフをたどると，似たような形の図形を反対回りにたどって元に戻る。

ここで少し考えればわかるが，タイル A′ と B′ だけで貼られる領域がある場合，その領域の周囲を巡る順路に従って，同じようにグラフをたどれば，必ず出発点

に戻るといえる。例えば，高さ 1 の木，すなわち 1 枚の菱形の周囲を巡る順路は $DUD^{-1}U^{-1}$ だが，それに従ってグラフをたどると出発点には戻らない。一般に高さ n の木の周囲を巡る順路は $(DU)^n D^{-n} U^{-n}$ だ。ただし，$(DU)^n$ は DU の繰り返し n 回，D^{-n} は D^{-1} の繰り返し n 回を意味する。さて，この路をグラフ上でたどると，$n \equiv 1 \pmod 3$ の場合，元の点に戻らないことを確認するのは易しい。

読者は，ここで「おやっ」と思われるかもしれない。これでは，六角形の数を数えたセイウチの条件となんら変わりがないからだ。しかし，心配は無用だ。実は上のグラフを使った考察には，もっと微妙な不変量が隠されているのだ。それは戻ってくるループがグラフ上の白い六角形を何周するかということである。例えば，先の（P を出発して P に戻る）A′ の周に従う赤色の矢印ループは，その内側の白い六角形を時計回りに 1 周している。これに 1 という値を与え，巻き数と呼ぼう。B′ の周に従うループを考えると，今度は反時計回りに 1 周するので，巻き数は −1 ということにする。すると，やはり少し考えればわかるが，タイル A′ が a 枚とタイル B′ が b 枚で貼られる領域がある場合，その領域の周囲を巡る順路に従ってグラフ上をたどると元の点に戻るだけではなく，そのループの巻き数は各タイルごとの巻き数の合計，すなわち $a-b$ となる。

高さ n の木の周囲について巻き数を調べると，$n \equiv 0, 2 \pmod 3$ の場合，その値が $\lceil n/3 \rceil$ であることはすぐわかる。よって，それを覆うタイル貼りがあるなら，$a-b = \lceil n/3 \rceil$ が満たされねばならない（$\lceil x \rceil$ は x 以上の最小の整数を表す）。例えば $n=3$ の場合，$a-b=1$ であるが，$a+b$ はタイルの総枚数であるから，もちろん $a+b = n(n+1)/6 = 2$ であり，これらを満足する整数解 a, b は存在しない。$n=5, 6, 8$ の場合も同様である。この結果は，一般に $n \equiv 3, 5, 6, 8 \pmod{12}$ の場合に拡張できる。逆に，$n \equiv 0, 2, 9, 11 \pmod{12}$ の場合には，実際にタイル貼りができることは最初に示した。実は，このとき A′ 方向に置くタイルと B′ 方向に置くタイルの枚数は，上の式から定まっており，例えば $n=12$ の場合，$a-b=4$，$a+b=26$ だから，$a=15$，$b=11$，すなわち A′ 方向に 15 枚，B′ 方向に 11 枚のタイルを置かねばならないことが，実際に貼り合わせるまでもなくわかる。

また，タイル E′，F′，G′ だけを使って，高さ 1 以上の木を貼ることができないことは，それらのタイルの周囲についての巻き数が 0 であることからわかる。

第54話 絨毯の絨毯爆撃

　不思議の国のトランプ城を鏡の国の赤白の国王夫妻が表敬訪問することになり，トランプ城はその受け入れ準備で大わらわだ．

　城の入り口から北にまっすぐ伸びて「会見の間」につながる一定幅の長い廊下に赤い絨毯を敷き詰めようという話になった．しかし，短い期間にその長さの絨毯を一業者だけから調達することは不可能だ．というわけで，絨毯の幅と色と材質だけを指定して方々の業者に同時発注して，それらをつなぎ合わせて使えばよいだろうということになった．

　ところが，次々と納入されるまちまちの長さの絨毯を見て，ハートの女王が突然指揮を執り始め，あそこに敷け，ここに敷けと，まったく無計画に行き当たりばったりに廊下に敷いていってしまった．幸い幅は合っているし，たくさんの業者に作らせたので，何とか廊下全体を覆うことはできたのだが，廊下の一部は，

5重6重にも絨毯が重なり，はなはだ不体裁ということになった。

あまりのことに，トランプ王室の他の面々が集まり，ハートの女王に苦言を呈すると，女王は，非常に不機嫌そうな顔をして，「よろしい。重なって余分になっている絨毯は取り除いてもよいとしよう。しかし，残す絨毯は，どれも決して現在の位置からずらしたりしないように」という。

それでも，ハートの女王からわずかでも譲歩を引き出したということは，大変な快挙である。早速，スペードのエースを中心とするチームが編成され，どういうふうに無駄な絨毯を取り除いていけばよいかを検討することになった。

さて，ここで読者への問題だが，女王の要求を満たした上でも，廊下のどの部分もせいぜい2重にしか覆われないように余分な絨毯を除けることを証明していただきたい。さらに，そうするためのシステマティックな方法を考えてほしい。また，女王の要求を満たした上で，まったく重なりが無い段階まで絨毯を取り除いても，少なくとも廊下の半分は絨毯で覆われているようにできることを証明していただきたい。

第54話の解答

最初の問題は，次のようなシステマティックな手順で解決できる。

今，絨毯は南北に伸びる廊下全体を覆っているとし，さらに，廊下のある箇所が3重以上に覆われているとしよう。このときこの部分を覆う絨毯で，その南端

が一番南まで行っているものをSとし，同様にその北端が一番北まで行っているものをNとする。SとNは同じ絨毯であることもありうる。このとき，SとNを残してその箇所を覆う絨毯をすべて除いてしまっても，絨毯が廊下全体を覆っているという状況は変わらない。なぜなら，取り除く絨毯の代わりをSとNの2枚（もしくは，SとNが同一なら1枚）で務めることができるからだ。こうして，3重以上に覆われている箇所があれば，そこでの重なりが2枚以下になるように，順次絨毯を除いていけば，やがてどこの箇所でも重なりはせいぜい2枚とすることができる。

次の問題に答えるには，このせいぜい2重になって敷き詰められている絨毯の中に，他のものに完全に覆われているか，あるいはその上に完全に載っている1枚がある場合に，それを除くことから始めよう。こうしても，廊下全体が絨毯で敷き詰められているという状況は変わらない。すると絨毯は，どの2枚をとっても，まったく重なりがないか，一方の南の部分と他方の北の部分が一部重なるだけという状態になるから，北から南に向けて順に番号を振ることが可能になる。

ここで奇数番を振られた絨毯全体と偶数番を振られた絨毯全体を考える。もし奇数番だけでも偶数番だけでも廊下の半分を覆えないとしたら，絨毯全体で廊下を完全に覆えるということに反する。また，奇数番同士と偶数番同士では絨毯は重なることがない。なぜなら，そういうことがあると，その間の番号の絨毯を含めて3重以上の重なりができてしまうからだ。したがって，奇数番を振られた絨毯の全体，もしくは，偶数番を振られた絨毯の全体は，重なりがなく，廊下の半分以上を覆う。

第55話 続・何が何でも取り分は同じ

　第46話のパズルを覚えておられるだろうか？　喧嘩ばかりしているトウィードルダムとトウィードルディーの双子兄弟が少しは協力してものを考えるようにと，伯父が小遣いの与え方を工夫したという話である．1から8までの目がある正八面体のサイコロを4つ振り，出てきた目をそれぞれ4枚の小切手の額面に記す．その4枚を双子に渡し，2人の間で納得がいくやり方で分けるように指示した．ところが，相手に自分より1ペニーでも多く取られるのが癪なばかりに，2人が選択したのは，同額になるように分配できない小切手を伯父に返すというやり方であった．

　その揚げ句，結局，渡した小切手が全部自分に戻ってきてしまうこともあったので，ちょっと気の毒に思った伯父は，小遣いを少し増額するという意味も込めて，やり方を次のようにした．正八面体のサイコロは，ディーとダム，それぞれが8個ずつ振る．そして，出た目を額面として記した小切手をそれぞれに渡すのだが，2人ともそれを実際に受け取るには，お互いの承認が必要だということにした．振るサイコロの数を8個ずつにしたのは，7個以下だと，例えば，ディーのサイコロの目が全部1で，ダムの目が全部8だった場合，小切手の額面総額を合わせることができないから，2人とも相手の小切手受け取りを承認することがないだろう

61

と思った伯父の恩情からである．案の定，2人とも，自分と相手の受け取る小切手の総額が同じにならない限り，相手の分を承認しようとはしなかった．

　さて，ここで読者に考えていただきたいのは，この伯父の恩情が必ずうまく作用するかどうかだ．サイコロを8個ずつ振っても，目の出方によっては，2人の受け取る小切手の総額が同じにできず，受け取り額がゼロになってしまうことがあるだろうか？　もしそうなら，どういう目の場合にそうなるだろう？　そういうことが決してないなら，その証明を与えてほしい．

第55話の解答

　この問題を見て誰もが予想することは同じだろう．8個ものサイコロを振れば，その目の総和は8から64というかなり広い範囲にわたる．しかし，それを等しくするという問題ではなく，部分和同士で等しいものが作れるかという問題だから，この範囲の広さは，あまり問題にならないで済みそうだ．むしろ，サイコロを8個ずつも振るのだから，その中から適当に拾い上げれば，総額を合わせられないことなどないだろう．しかし，そのことを証明するにはどうすればよいか？

　2人が出したサイコロの目から作られる部分和には，相当のバラエティがあるので，それを数え上げる手法はどうだろうか．ダムとディーそれぞれのサイコロについて数え上げれば，その中に重なりがあるに違いない．確かにその通りなのだが，同じ目ばかりが出てしまうと部分和のバラエティは小さくなってしまう．例えば，6ばかりだと作れる部分和は6，12，…，48と8通りしかなく，7ばかりだと7，14，…，56とやはり8通りだ．この中に42という共通の部分和があるのは，偶然のようにも見えてくる．もちろん，一方がiの目ばかり，他方がjの目ばかりだとわかっているなら，ijという共通の部分和を作れることが確かだが，同じ目ばかりでない場合にこの議論をどう進めていけばよいか，今ひとつハッキリしない．

　もっと一般化して，1からnまでの目が書いてあるサイコロをn個ずつ2回振った場合，1回目で出た目から何個かを選び，2回目で出た目から何個かを選んで，その部分和同士を一致させることができるだろうか．nが小さいときを調べてみると，確かにできる．nが大きくなってもそうだろうか？

この種の問題にしばしば有効なのが数学的帰納法である．しかし，何の数値に関して帰納法を使えばよいだろうか？　サイコロの個数だろうか？　最大が1の目のサイコロを1個振った場合は，確かに共通の部分和1が得られる．では，最大がnの目のサイコロをn個振った場合はどうか．2回振ったサイコロのどちらにもnの目が高々1つしか出ていなければ，振ったサイコロの目のうち最大のものを除くことで$n-1$の場合に帰着できるが，どちらかにnの目が2つ以上出ていると困る．目の総和に関する帰納法だろうか？　しかし，これもうまくいきそうにない．例えば7-7-7-7-7-7-7-7と8-8-8-8-8-8-8-8の場合，共通の部分和は56しかない．それより総和が1大きい7-7-7-7-7-7-7-8と8-8-8-8-8-8-8-8-8の場合は，共通の部分和は8だけとなるが，この部分和8を56から導き出すような構成法がありそうには思えない．

　なかなか厄介な問題のようだが，実は，サイコロの目をどういう順番でもよいから並べてしまうことで，考え方が整理されるのだ．ダムとディーがn個のサイコロを振って，それぞれ，目a_1, a_2, $\cdots$, a_nとb_1, b_2, $\cdots$, b_nとが出たとしよう．ここで，0からnまでの整数kに対して，A_kとB_kを先頭k個のサイコロの目の和としよう．すなわち，$A_k = \sum_{i=1}^{k} a_i$, $B_k = \sum_{i=1}^{k} b_i$ だ．$A_0 = B_0 = 0$であり，また，A_nとB_nは，それぞれダムとディーの出した目の総和である．問題の対称性から$A_n \leq B_n$と仮定することができる．すると，B_0, B_1, $\cdots$, B_nは明らかに単調増加だから，各kについて$B_{k'} \leq A_k$を満たすような最大の$B_{k'}$が選べる．定義より，どのkについても$A_k - B_{k'}$は0以上でn未満の整数である（もしn以上なら，サイコロの目はnが最大だから，$B_{k'+1} = B_{k'} + b_{k'+1} \leq B_{k'} + n \leq A_k$となり，$B_{k'}$の定義に反する）．したがって，部屋割り論法により，$n+1$個の数$A_0 - B_{0'}$, $A_1 - B_{1'}$, $\cdots$, $A_n - B_{n'}$の中には，同じものが存在する．それを$A_i - B_{i'}$, $A_j - B_{j'}$ ($i < j$) とすると，$A_j - A_i = B_{j'} - B_{i'}$となるが，$A_j - A_i$は$a_{i+1} + a_{i+2} + \cdots + a_j$という部分和であり，$B_{j'} - B_{i'}$も同様なので，2つの部分和で等しいものが存在する．

　これで双子の受け取り額がゼロになることがないことは証明されたが，受け取り額をなるべく大きくするためのうまい方法を筆者は知らない．可能な部分和をすべて調べるよりももっと効率的な方法があるなら，是非，教えていただきたい．

第56話 カメレオンたちの体重測定

　アリスは，久しぶりに不思議の国の野原でくつろいでいた。すると，風もないのに前方の緑の草むらが妙にゆらゆらと揺れたような気がした。「前にもこんなことがあったような」と考えていると，突然，目の前から声がした。「こんにちは，アリスさん，お久しぶりです」。

よく見てみると小さな緑の生き物が立っている。第7話「みんな一緒に"緑"に変身！」に登場したカメレオンだ。「わ，ウィルさん。驚いた。隠れ方，ずいぶん上手になりましたね」。「そう，たいしたもんだろ」と今度は頭上から声がした。見ると，笑った口と目だけが宙に浮かんでいる。チェシャ猫である。

　「この子たちは，もう2匹1組でなくとも，色を変えることができるようになったんだ。それにみんな大きくなったので，体重測定をしてきたところさ」と言って，合図を送ると，さっきまで草むらにしか見えなかったところに，赤・青のカメレオンが一斉に姿を現した。それぞれ10匹ずつで，ウィルを入れると全部で21匹もいる。

　「うわ，こんなに」とアリスが驚いているのを見て，「ん，ちょっと面白いことを思いついたぞ」とチェシャ猫は言い，いったん姿を消すと，今度はどこから持ってきたのか大きな天秤とともに全身で出現した。そして，赤のカメレオンは左の皿に，青のカメレオンは右の皿に載るように言う。面白いことに，全員が載り終わると天秤はピタリと釣り合った。

　「おや，赤グループと青グループの合計体重は同じなんですね」とアリスが言うと，「それだけじゃないよ」とチェシャ猫。

　「ウィル以外の1匹を選んでごらん」と言うので，アリスが，右端にいた赤のカメレオンを指さすと，チェシャ猫はその子に緑になるように言い，ウィルを含めた残りのカメレオンから何匹かを選んで指示して色を変え，やはり赤・青を10匹ずつにした。そして，赤が左，青が右の皿に載ると今度も釣り合う。

アリスがさらに別の1匹を選ぶと，チェシャ猫は残りのカメレオンたちを巧妙に赤・青10匹ずつに振り分け，同様に釣り合いを取る。アリスがちょっと考えてから「ははあ，わかったわ。この子たちはみんな同じ体重なんでしょ」と推測を述べると，チェシャ猫は例のいたずらっぽい笑いを浮かべ「賭けるかい？」

そう言われると自信のないアリスだが，この辺りで読者への問題である。「全員が同じ体重」というこのアリスの推測は正しいだろうか？　それとも，21匹の体重をうまく調整すると，同じ体重でなくともチェシャ猫のやったようなことが可能だろうか？　簡単のため，21匹の体重はすべて有理比を持つことにする。つまり，ある小さな重さを単位として量ると21匹全員が整数の体重を持つものとする。余裕のある読者は，この有理比を持つという条件が無い場合にどうなるかも考えていただきたい。もちろん，不思議の国の天秤は非常に敏感で，どんなに小さな重さの差をも検出することができる。

第56話の解答

読者は，わざと条件を曖昧にしておいたことにお気づきだろうか？　つまり，カメレオンたちを赤・青のグループに分けるとき，必ず10匹ずつに分けねばならないのだろうかということである。チェシャ猫がやったグループ分けはたまたま10匹ずつになっていたが，アリスが選んだカメレオンによっては，例えば，赤を9匹，青を11匹にするつもりもあったのだろうか？

実は，赤・青の各グループの匹数が同じという条件がなければ，全カメレオンの体重が同じでなくとも，チェシャ猫のトリックが可能になる。例えば，ウィルを含めた11匹の体重が180gで，残りの10匹が220gだったとしよう。このとき，アリスが180gのカメレオンを選べば，もちろん，残りのうち180g 5匹と220g 5匹で赤グループを作り，青グループも同様にすれば，両グループとも2000gにできる。一方，アリスが選んだのが220gのカメレオンだったとすれば，残りの220gのカメレオン9匹全員で赤グループを作り，180gのカメレオン11匹で青グループを作れば，この場合も両グループの合計体重は同じで1980gになる。

しかし，両グループが10匹ずつという条件を満たさねばならない場合，チェシャ猫のトリックが可能になるには，全員の体重が同じだということがどうして

も必要なのだ。このことを見るために，体重はすべて有理比を持つ，すなわちある小さな単位で量るとどれも整数値としよう。

アリスがどのカメレオンを選ぶかは自由だから，たまたま一番体重の軽いカメレオンを選んだときも，チェシャ猫は残りをうまくグループ分けできなければならない。天秤の両側に載るカメレオンの数は同じだから，各カメレオンの体重を一律に軽くし，一番軽いカメレオンの体重をゼロにまで減らしたとしても釣り合いは取れたままである。天秤に載っているカメレオンの体重合計は，釣り合っているのだから，偶数だ。

その中に体重が奇数になるカメレオンがいる場合，アリスがそのカメレオンを次に指定すれば，今度は天秤に載るカメレオンの体重合計は奇数になるので，チェシャ猫のトリックは破綻する。したがって，カメレオンの体重（厳密にはそれから一番軽いカメレオンの体重を引いたもの）はどれも偶数でなければならない。

ところが，基準となる重さの単位を2倍にすると，体重は半分になる。このとき体重そのものは分数値になることがあるが，一番軽いカメレオンからの体重差は整数値を保つ。もちろん，釣り合いは取れているのだから，その場合でもこの合計は偶数でなければならない。こうして，どこかに奇数が生ずるまで，重さの単位を倍倍としていく。奇数が現れたら，次にそのカメレオンをアリスに指定されると，チェシャ猫のトリックは破綻する。というわけで，体重がすべて同じでないと，うまくグループ分けができない場合が生ずるのだ。

さて，今の議論は整数の性質に強く依存しているので，体重が有理比を持っていないとうまくいかない。では，有理比でない体重がある場合，異なる体重のセットで，赤・青10匹ずつによるチェシャ猫のトリックが可能なのだろうか？いや，そんなことはない。これを証明するのは，やや高度な数学理論を使うので，線形代数の理論に詳しい読者のために概略の説明を記すにとどめよう。問題の体重は，高々21種しかないので，有限次元の有理線形空間を張る。つまり，有理数上線形独立な有限個の実数$x_1, x_2, \cdots, x_k$を選んで，各体重を$q_1 x_1 + q_2 x_2 + \cdots + q_k x_k$という形に表現することができる。ここで，$q_1, q_2, \cdots, q_k$は有理数である。このとき，上と同様な議論を進めることで，チェシャ猫のトリックを成功させるためには，どの体重についてもq_1はどれも同じでなければならないことが示される。もちろん$q_2, \cdots, q_n$についてもそうである。

第57話 ハートの女王による継子立て

表敬訪問の際の歓待のお礼として，鏡の国のチェス王室秘蔵の「不老不死薬」が不思議の国のトランプ王室へ贈られてきた。1人しか使えないということもあって，兵士たちの誰かに特別ボーナスとして支給しようということになり，トランプ城の中は誰がもらうかで騒ぎになっている。

　アリスが見たところ、トランプ城の住人たちは「老」にも「死」にもあんまり縁がなさそうで、そんな薬の何がありがたいのかわからないのだが、どうやら兵士たちはもらえるものは何でももらおうというつもりらしい。

　王室がどうやって人選をするのだろうかと、アリスが見学に行ってみると、ハートの女王は

兵士全員をホールに集め，スペード，ハート，クラブ，ダイヤの順にエースから10まで輪になって並ぶように言った．それからアリスに「そちの好きな数は何か」と聞き，アリスが「7です」と答えると，スペードのAから順に1から7までの番号を繰り返し唱えさせ，7を唱えたものを次々に輪から外していった．最後まで残った者に景品を支給するつもりらしい．

何のことはない．「継子立て」で知られる問題である．ヨーロッパではヨゼフス問題と呼ばれることが多い．馴染みのある読者も多かろうが，今回はこのパズルを少し楽しんでいただこう．まずは，ウォーミングアップ問題として，この女王による継子立ての結果，「不老不死薬」を手に入れた兵士は誰かを考えてほしい．また，もしアリスが41人目として，この継子立てに加わることが許され，自分の位置を選べるとしたら，景品を入手するには，どの兵士の間に入るのがよいだろうか？

この2つのウォーミングアップ問題は，地道にやれば必ず正解が得られるが，次に，アリスが比較的小さな数を選んだ場合に，この計算を高速化する方法を考えてほしい．例えば，アリスが選んだのが7でなく2，3，4の場合，誰に景品がわたるかを早く決定する方法はあるだろうか？

最後の問題としては，好きな数を聞かれたのがアリスでなく，兵士の1人だったとして，自分が景品を手に入れられるようにその数を選ぶ方法を考えてほしい．

第57話の解答

最初の問題は，40個の印を丸く描き，誰が輪から外れていくか実際に調べることで簡単に答えが得られる．毎回，図を描くのが厄介であれば，次のような工夫をするともっとよいかもしれない．

スペードのエースに番号0を振り，以降1，2，…と順次番号を振っていくと最後のダイヤの10は番号39になって，1周する．一般にn人の輪があり，1からkまでの数を何度も唱えて，k番を唱えた人を外していくとき，最後に残る人の番号を$J_k(n)$とするなら，nまたはkについての漸化式が求まれば，計算が機械的になる．というわけで，$J_k(n-1)$の値から$J_k(n)$を求めることを考えてみよう．実はn人の輪というのは$n+1$人から始めて最初の1人が外された状態と考える

ことができる．違うのはそのとき振られている番号だけだ．n 人のとき 0 番の人は，$n+1$ 人で始めたときは k 番だったはずであり，同様に j 番の人は，$j+k$ 番だったことになる．全体が輪になっているので，より正確には，$n+1$ で割った余りをとる必要があるから，実は $J_k(n+1) = (J_k(n)+k) \bmod (n+1)$ という漸化式が成立する（ここで，$y \bmod x$ は y を x で割った余りを表す）．1 人しかいない場合，もちろん番号は 0 だから，初期値 $J_k(1)$ を 0 として $J_k(n)$ の表を作ると 75 ページのようになる．

表の 7 列 40 行目を見ると 23 だから，最初の問題の答え $J_7(40) = 23$ が得られ，この番号を持つ兵士はクラブの 4 とわかる．また，$J_7(41) = 30$ だから，もう 1 人増えたときは番号 30 の位置が当たりになるので，2 番目の問題では，アリスはクラブの 10 とダイヤのエースの間に入るのがよいとわかる．

さて，上の漸化式を使う方法は，結局，地道にやると n 回くらいの計算が必要となる．そこで，まず $k = 2$ の場合に，もっと効率よく $J_2(n)$ を求める方法を考えよう．そのために 1，2，1，2，… と番号を唱えていき，ちょうど 1 周したときの状況を考えてみる．最初の人数が偶数のときと奇数のときとで，やや状況が異なる．偶数の $2n$ 人の場合，奇数番号の人は輪から外れ，輪に残っているのは，0, 2, 4, …，$2n-2$ 番の n 人となり，ちょうど n 人の輪で始める場合と同じになる．ここで番号を振り直すと，$2n$ 人のときの番号は，明らかに振り直した後の番号の 2 倍になる．したがって $J_2(2n) = 2J_2(n)$ という式が成立する．奇数の $2n-1$ 人の場合も，同様に奇数番号の人は輪から外れるが，最後の番号が $2n$ なので次に外れるのは 0 番になる．よってその状況まで進めるとやはり n 人が残るが，その番号は 2，4，6，…，$2n$ となる．ここで番号を振り直すと，古い番号は新しい番号の 2 倍より 2 多くなる．よって $J_2(2n+1) = 2J_2(n)+2$ という式が成立する．これに $J_2(1) = 0$ という初期条件を加えることで，先のよりはかなり高速に $J_2(n)$ を計算する漸化式が得られる．実際，40 人の場合でやってみると，

$J_2(1) = 0,$
$J_2(2) = 2 \times 0 = 0,$
$J_2(5) = 2 \times 0 + 2 = 2,$
$J_2(10) = 2 \times 2 = 4,$

$$J_2(20) = 2 \times 4 = 8,$$
$$J_2(40) = 2 \times 4 = 16$$

となり，$J_2(1)$，$J_2(2)$，$J_2(3)$，…と順次計算するより，格段に効率がよい．もっとも，漸化式 $J_2(n+1) = (J_2(n)+2) \bmod (n+1)$ による計算の場合でも，$J_2(n)$ の値は通常は2ずつ増加していき，それが $n+1$ に達したときに，$\bmod(n+1)$ の効果が表れ0に戻ることに気づけば，効率的に計算することが可能だ．実際，少し考えれば n が2のべき 2^m の形のときに $J_2(n) = 0$ になることがわかるだろう．すると一般の n の場合，n 以下の最大の2のべき 2^m をとり，$n = 2^m + r\ (0 \leq r < 2^m)$ とおけば $J_2(n) = 2r$ となることが，先の漸化式から容易に証明できる．

では，$k=3$ や $k=4$ の場合にも，同様の速い計算法があるだろうか．$k=2$ の場合にならって計算して，あえて式を一気に書き下せば，

$$J_3(n) = \left\lfloor \frac{3}{2} J_3\left(\left\lfloor \frac{2}{3} n \right\rfloor \right) + a_n \right\rfloor \bmod n$$

となる．$\lfloor x \rfloor$ は x の小数点以下の切り捨て，すなわち，x を超えない最大の整数を表し，また a_n は $n \bmod 3 = 0, 1, 2$ に応じて $0, 3, 3/2$ である．確かにこの漸化式では，$J_3(n)$ の値を計算するのに，n を元の2/3くらいの値に下げているので，逐次的にやるよりだいぶ速そうだが，こういう複雑な式はあまり歓迎されまい．

そこでほんの少しだけ考え方を変えてみよう．1, 2, 3, 1, 2, 3, …と繰り返し唱える代わりに，0, 1, 2, 3, 4, …と順に唱えていって，$n \bmod 3 = 2$ すなわち $n = 3m-1$ の形の数を唱えた者を輪から外しても結果は同じである．例えばスペードのエースから8までが輪になって，これを行うと左の表のようになる．

♠A	♠2	♠3	♠4	♠5	♠6	♠7	♠8
0	1	2	3	4	5	6	7
8	9	–	10	11	–	12	13
–	14	–	15	–	–	16	17
–	–	–	18	–	–	19	–
–	–	–	20	–	–	21	–
–	–	–	–	–	–	22	–

表で – となっているのは，$3m-1$ を唱えて輪から外されたことを示している．表は誰が外れたかが最後までわか

るように22まで書いてあるが、実はゲーム自体は20を唱えたときが終わりで、次の21を唱えるべき兵士、すなわちスペードの7が勝者である。

一般にn人ゲームでは$3(n-1)$を唱えることになった者が勝者になる。さて、いまp番を唱えた者がいるとして、$p \geqq n$ならば、その人が番号を唱えたのが初めてであるはずはない。では、前に唱えた番号は何番だろうか。それをqとし、$q = 3m+i$ ($i = 0, 1$) とおく ($i = 2$だと輪から外されてしまうので、次に番号を唱える機会は来ない)。このときまでに、m人が輪から外れたはずであり、残っているのは$n-m$人である。

すると次にその人の唱える番号は$q+n-m$だから、これがpと等しい。よって$3m+i = q = p-n+m$であるが、これをmについて解くと、$i = 0, 1$より$m = \lfloor (p-n)/2 \rfloor$となる。したがって$q = p-n+\lfloor (p-n)/2 \rfloor$となり、番号$p$を唱えた人が前に唱えた番号$q$を計算できる。勝者が$3(n-1)$を唱えることになるのは間違いないので、そこからその前の番号を順次計算していくことができる。例えば$n = 8$の場合なら、$3 \times (8-1) = 21$から始めて、19, 16, 12, 6と計算していける。$6 < 8$だから、その前に番号を唱えたはずはなく、勝者の最初の番号が6だったことがわかる。

同じ論法により、アリスの選んだ数がkならば、$p_0 = k(n-1)$から始めて、漸化式

$$p_{s+1} = p_s - n + \left\lfloor \frac{p_s - n}{k-1} \right\rfloor = \left\lfloor \frac{k(p_s - n)}{k-1} \right\rfloor$$

により、$p_1, p_2, \cdots$を順次計算していき、$p_s < n$が達成されたところで$J_k(n) = p_s$が求まる〔$k = 2$、$n = 2^m + r$ ($0 \leqq r < 2^m$) の場合、この方法は実質的には$0 \leqq 2n - 2^s < n$なる$2n - 2^s$として$J_2(n) = 2r$を求める方法となっている〕。しかし、これはkがnに比べ小さい数でないと、あまり効率のよい方法とはいえないかもしれない。もっとよい漸化式、あるいはこの漸化式を速く計算する方法をご存知の読者は、おられるだろうか。

最後の問題は、自分の最初の位置がjだったとして、$J_k(40) = j$となるようにkが選べるかという問題である。答えはイエスなのだが、これを証明したり、そのようなkを実際に見つけるとなると相当の難問だろう。

まず，比較的簡単な$j=0$の場合を片付けることにしよう。最初の人数をnとして，Lを1からnまでの整数の最小公倍数とする。$n=40$なら
$$L=5342931457063200$$
である。巨大な数だが，$k=L$とすれば，$J_k(n)=0$である。なぜなら$k=L$はn以下のすべての正の整数で割り切れるので，kを唱えるのはいつでも最後の番号の人となるからだ。つまり，$n-1$，$n-2$，…番の順に輪から外れていき，最後に残るのは0番になる。

　では，$j\neq 0$の場合はどうすればよいか。そのために，まずn以下の最大の素数をpとしよう。$n=40$の場合$p=37$であるが，ベルトランの仮説というのがあり，$p>n/2$であることは証明されている。また，Lの定義から$M=L/p$は整数であり，Mとpは互いに素であることがわかる。

　$j<p$の場合を先にすまそう。その場合，kをMの倍数で$k\equiv j\pmod{p}$であるように選べば，$J_k(n)=j$となる。なぜなら，kは$p+1$からnまでのすべての整数で割り切れるので，人数がp人になるまでは最後の番号の人が輪から外される。p人のとき外れる人は，kの決め方より$j-1$番となる。ここで番号を付け替えると新しく0番になるのはj番の人であり，kは1から$p-1$のすべての整数で割り切れるから，前と同じ理屈で最後に残るのは新しい番号で0番，すなわち元はj番の人である。

　最後に$j\geq p$の場合だが，$j'=n-1-j$とすれば，$j'<p$となるので，上のやり方で$J_{k'}(n)=j'$となるk'を計算できる。そこで$k=L+1-k'$とすれば，kを使ったときは，k'のときとは対称的に人が外れていくので，最後に残るのはj番となる。例えば$j=n-1$の場合，$k=1$とすれば，0番から順に外れていき，最後に残るのは当然$n-1$番になる。

								唱える番号の周期 k															
		1	2	3	4	5	6	7	8	9	10	11	12	13	14	15	16	17	18	19	20	21	22	23
	1	0	0	0	0	0	0	0	0	0	0	0	0	0	0	0	0	0	0	0	0	0	0	0
	2	1	0	1	0	1	0	1	0	1	0	1	0	1	0	1	0	1	0	1	0	1	0	1
	3	2	2	1	1	0	0	2	2	1	1	0	0	2	2	1	1	0	0	2	2	1	1	0
	4	3	0	0	1	1	2	1	2	2	3	3	0	3	0	0	1	1	2	1	2	2	3	3
	5	4	2	3	0	1	3	3	0	1	3	4	2	1	4	0	2	3	0	0	2	3	0	1
	6	5	4	0	4	0	3	4	2	4	1	3	2	2	0	3	0	2	0	1	4	0	4	0
	7	6	6	3	1	5	2	4	3	6	4	0	0	1	0	4	2	5	4	6	3	0	5	2
	8	7	0	6	5	2	0	3	3	7	6	4	4	6	3	2	6	6	1	7	5	3	1
	9	8	2	0	0	7	6	1	2	7	0	5	3	5	6	2	0	8	7	6
	10	9	4	3	4	2	2	8	0	6	7	9	4	6	5	6	2	4	1	0	9	9	9
	11	10	6	6	8	7	8	4	8	4	6	10	9	9	0	8	0	9	9	8	9	10
	12	11	8	9	0	0	2	11	4	1	4	5	10	7	11	0	4	1	6	4	5	5	7	9
	13	12	10	12	4	5	8	5	12	10	1	3	9	7	12	2	7	5	11	10	12	0	3	6
	14	13	12	1	8	10	0	12	6	5	11	0	7	6	12	3	9	8	1	1	4	7	11	1
	15	14	14	4	12	0	6	4	14	6	11	4	4	11	3	10	10	4	5	9	13	3	9
	16	15	0	7	0	5	12	11	6	7	0	6	0	9	2	10	11	6	8	13	2	9	0
	17	16	2	10	4	10	1	1	14	16	10	0	12	14	0	9	11	7	10	16	6	14	6
	18	17	4	13	8	15	7	8	4	7	2	11	6	9	2	15	7	10	7	11	0	9	0	11
	19	18	6	16	12	1	13	15	12	16	12	3	18	3	16	11	4	8	6	11	1	11	3	15
	20	19	8	19	16	6	19	2	0	5	2	14	10	16	6	0	5	4	10	1	12	5	18
	21	20	10	1	20	11	4	9	8	14	12	4	1	8	3	0	16	1	1	8	0	12	6	20
人	22	21	12	4	2	16	10	16	16	1	0	15	13	21	17	15	10	18	19	5	20	11	6	21
数	23	22	14	7	6	21	16	0	1	10	10	3	2	11	8	7	3	12	14	1	17	9	5	21
n	24	23	16	10	10	2	22	7	9	19	20	14	14	0	22	22	19	5	8	20	13	6	3	20
	25	24	18	13	14	7	3	14	17	3	7	11	12	10	2	1	14	8	2	0	18
	26	25	20	16	18	12	9	21	25	12	15	11	13	0	25	1	0	13	19	7	2	23	22	15
	27	26	22	19	22	17	15	1	6	21	25	22	25	13	12	16	16	3	10	26	22	17	17	11
	28	27	24	22	26	22	21	18	14	2	7	5	9	26	9	26	3	4	20	0	17	14	10	11	6
	29	28	26	25	1	27	27	15	22	11	17	16	21	10	11	18	20	8	18	7	5	2	4	0
	30	29	28	28	5	2	3	22	0	20	27	27	3	23	25	3	6	25	6	26	25	23	26	23
	31	30	30	0	9	7	9	29	8	29	6	7	15	5	8	18	22	11	24	14	14	13	17	15
	32	31	0	3	13	12	15	4	16	6	16	18	27	18	22	1	6	28	10	1	2	2	7	6
	33	32	2	6	17	17	21	11	24	15	26	29	6	31	3	16	22	12	28	20	22	23	29	29
	34	33	4	9	21	22	27	18	32	24	2	6	18	10	17	31	4	29	12	5	8	10	17	18
	35	34	6	12	25	27	33	25	5	33	12	17	30	23	31	11	20	11	30	24	28	31	4	6
	36	35	8	15	29	32	3	32	13	6	22	28	9	6	0	26	0	28	12	7	12	16	26	29
	37	36	10	18	33	0	9	2	21	15	32	2	18	13	23	4	16	8	30	26	32	0	11	15
	38	37	12	21	37	5	15	9	29	24	4	13	30	26	37	19	32	25	10	7	14	21	33	0
	39	38	14	24	2	10	21	16	37	33	14	24	3	0	12	34	9	3	28	26	34	3	16	23
	40	39	16	27	6	15	27	23	5	2	24	35	15	13	26	9	25	20	6	5	14	24	38	6
	41	40	18	30	10	20	33	30	13	11	34	5	27	26	40	24	0	37	24	24	34	4	19	29
	42	41	20	33	14	25	39	37	21	20	3	16	39	39	12	39	16	12	0	1	12	25	41	10
	43	42	22	36	18	30	2	1	29	29	12	27	8	9	26	11	32	29	18	20	32	3	20	33
	44	43	24	39	22	35	8	8	37	38	22	38	20	22	40	26	4	2	36	39	8	24	42	12
	45	44	26	42	26	40	14	15	0	2	32	4	32	35	9	41	20	19	9	13	28	0	19	35
	46	45	28	45	30	45	20	22	8	11	42	15	44	2	23	10	36	36	27	32	2	21	41	12
	47	46	30	1	34	3	26	29	16	20	5	26	9	15	37	25	5	6	45	4	22	42	16	35

第58話 先攻は有利か？

　恒例の「不思議の国 vs. 鏡の国　何でもオリンピック」が近づいてきた。両国王から委任されたオリンピック委員会は，新競技「あっち向いてホイ」の公式ルール作りでもめている。

　決まっているのは次のことだ。まず，先攻後攻をジャンケンで決める。勝ったほうをA（アリス）とし，負けたほうをB（トカゲのビル）としよう。Aが先攻になり，「あっち向いてホイ」の掛け声とともに，Bの顔の前で左右どちらかを指さす。Bは，同時に左右どちらかに顔を向ける。このとき，Aが指さした方向とBが顔を向けた方向が一致すると，Aの勝ちになる。不一致だと，次は攻守が入れ替わる。こうして，顔と指の向きが一致するまで，攻守を交代しながらゲームを続ける。

　もめているのは，その後のことだ。顔と指の向きが一致した最初の1回だけで勝者を決めてしまうのは味気ないので，このときは1点入るだけとし，さらにこの先も同じように「あっち向いてホイ」を繰り返し，先に4点を取ったほうを勝者としようという案に落ち着きかけている。

　問題は2点目以降の先攻をどのように決めようかということだ。再びジャンケンでという案は，「あっち向いてホイ」以外の要素が入りすぎるし，あいこが続くと時間も余計にかかるので，早々に却下された。残った案は，次の4つである。

　（1）どちらが得点したかに無関係に，そのまま攻守を入れ替え「あっち向いてホイ」を続ける。

　（2）得点した場合，点を取った側が先攻で次のゲームに入る。

　（3）2点目ではいつもBが先攻になる。以後も，交互に入れ替わる。つまり，それまでの得点合計が偶数ならAが先攻で，奇数ならBが先攻である。

　（4）点数が入るたびに，先攻は常にAに戻る。

　委員長は不思議の国から委任されたドードー鳥で,次のような意見である。「フム,そもそも先攻のほうが有利なのよね。だったら(4)はAに有利すぎてダメね。最初のジャンケンで勝敗が決まってしまうようなものだわ。(2)も似たようなものね。Aが立て続けに得点して一気に決まってしまうかもしれない」。

　それに対して,鏡の国から委任された副委員長の白い紙の服の紳士が言う。「いやいや,そうとも限りませんぞ。確かに,(4)はAに有利そうですが,(2)はBが1点でも得点すれば,その後はBが先攻になりますからな。まあ,確かに(1)や(3)のほうが公平に聞こえますが,本当にそうですかな。そもそも先攻が有利といっても,どのくらい差がありますか」。

　この問題に対して読者にアドバイスをいただきたい。まず,ウォーミングアップ問題として,最初の1点をAが取る確率を計算していただこう。AもBもベストを尽くすので,1回の「あっち向いてホイ」で顔と指の向きが一致する可能性は1/2とする。次に(1)〜(4)の方式をAに有利な順に並べていただこう。余裕のある読者は,各方式でAが勝利する確率を計算するのも面白いだろう。さらに,顔と指を左右だけでなく上下に向けてもよい場合はどうなるだろう。その場合,顔と指の向きがそろい点が入る確率は1/4とする。

77

第58話の解答

　今回のパズルは岩沢宏和氏の著書『確率のエッセンス』（技術評論社，2013年）から材料をいただいた。題名通り確率論をテーマとする本だが，基礎をしっかり押さえているだけでなく，往々にして直感と食い違うような結果を実に小気味のよい鮮やかな論理で説明しており，確率パズルの宝庫といえる。

　最初の問題は，このコラムでも何回も扱っているやさしいものだ。やや面倒だが正統的な解き方をするなら，次のようになるだろう。まず，Aがいきなり得点する確率は1/2だ。そうでない場合，次は攻守が交代するから，Bの攻撃をかわさねばならない。そして次の回に得点してもよいが，その確率は $(1/2)^3 = 1/8$ である。この回にも得点できない場合，さらに次の回に期待することになる。こうしてAが最初の得点をする確率は

$$\frac{1}{2} + \frac{1}{8} + \frac{1}{32} + \cdots + \frac{1}{2 \cdot 4^n} + \cdots$$

という等比級数を計算して2/3である。あるいは，同じことではあるが，AとBが1回ずつ攻撃をかわしたあとは，元の状態に戻るから，Aが最初に得点する確率を x として，方程式

$$x = \frac{1}{2} + \frac{1}{4}x$$

を解いても $x = 2/3$ が得られる。

　次は，(1)〜(4)の方式をAに有利な順に並べるという問題だ。いま計算したように，先攻が有利だから，(4)が一番Aに有利だという点は誰にでも納得していただけよう。さて(1)〜(3)だが，意外に思われるかもしれないが，実はどの方式でもとりわけAの有利さが増すということはない。これを証明するには，岩沢氏が「消化試合論法」と名づけている方法がエレガントだ。

　問題の勝利条件を次のように変えることにしよう。「あっち向いてホイ」の対戦は，どちらかが4点とってもそこで終わらせずに，合計得点が7点に達するまで続けることにする。合計が7点に達したときに4点以上を得点していた側の勝ちと決める。「何だ同じではないか」とお怒りにならないように。この消化試合の有無が論理をスッキリさせるツボなのだから。さらに，先攻決めの方式として

次の (1′) 〜 (3′) を考えよう。

　(1′) 片方が4点取るまでは，どちらが得点したかに無関係に，そのまま攻守を入れ替え「あっち向いてホイ」を続ける。一方が4点取ったら以後は4点取った側が常に先攻する。

　(2′) 片方が4点取るまでは，得点した場合，点を取った側が先攻で次のゲームに入る。一方が4点取ったら以後は4点に満たない側が常に先攻する。

　(3′) 2点目ではいつもBが先攻になる。以後も，交互に入れ替わる。つまり，それまでの得点合計が偶数ならAが先攻で，奇数ならBが先攻だ。

　実は，(3) と (3′) は，消化試合の有無を除けばまったく同じルールである。さて (1′) 〜 (3′) には重要な共通点がある。それは，実例を思い浮かべながら少し考えればわかっていただけると思うが，どちらがどう得点しようと合計で7点取るまでに，Aは4回先攻しBは3回先攻するということだ。1点ごとにどちらが得点するかは独立であり，それに影響するような要因は，先攻か後攻か以外には存在しないから，方式 (1′) 〜 (3′) のどれを選んでもAの優位の程度はまったく変わらない。

　さて，消化試合がない場合はどうだろうか，実は (1′) は (1) を変更したもので，(2′) は (2) を変更したものだが，変更は勝敗が決してから消化試合に対してのみ行われている。よって (1) でAが勝利する確率は (1′) の場合と同じであり，(2) と (2′) も同様だ。もちろん (3) と (3′) もそうだ。以上により，方式 (1) 〜 (3) のどれを採用してもAの優位の程度は同じであることが示された。

　ここでは「あっち向いてホイ」でどちらが先攻になるかという問題を取り上げたが，これは，サーブ権があるような一般のスポーツにも通ずる話だ。例えば，バレーボールはサーブ権を持っているほうがそうでないほうより得点率が低くなるようだが，交互にサーブするようにしても，失点した側がサーブするようにしても，最初にサーブする側が特に不利になることはないということだ。ただ，失点した側がサーブするようになると得点差は開きやすくなり，早めに勝敗が決するという効果はあるかもしれない。これはテニスのようにサーブ権を持っているほうが得点率が高いスポーツの場合も同様であり，サーブ権が得点側失点側のどちらに移行しようとそのことで片側が一方的に有利になることはないといえる。

　さて，「あっち向いてホイ」で4点先取の場合，Aの実際の勝率はどのくらいになるのだろうか。この計算のための簡潔な式というのはなさそうだが，漸化式

を作ることができて，それを計算することでそれほど大変でなく，実際の値を求めることができる．いま，Aはあとa点取れば勝ちで，Bはあとb点取れば勝ちだとしよう．このとき，Aが先攻で勝つ確率を$P(a,b)$と書くことにする．もちろん$P(0,b)=1$ $(b>0)$で$P(a,0)=0$ $(a>0)$である．方式（4）の場合，この$P(a,b)$についての漸化式は

$$P(a,b) = \frac{2}{3}P(a-1,b) + \frac{1}{3}P(a,b-1)$$

となる．つまり，2/3の確率でAがあと$a-1$点を取ればよいことになり，1/3の確率でBがあと$b-1$点を取ればよいことになる．方式（1）〜（3）の場合，漸化式はそれぞれ

$$P(a,b) = \frac{2}{3}(1-P(b,a-1)) + \frac{1}{3}P(a,b-1)$$
$$P(a,b) = \frac{2}{3}P(a-1,b) + \frac{1}{3}(1-P(b-1,a))$$
$$P(a,b) = \frac{2}{3}(1-P(b,a-1)) + \frac{1}{3}(1-P(b-1,a))$$

となる．例えば，方式（1）では，2/3の確率でAはあと$a-1$点を取ればよいことになるが，その場合後攻になるので，1からBが先攻の場合のBの勝利確率を引かねばならない．また，1/3の確率でBがあと$b-1$点を取ればよいことになるがこの場合Aが再び先攻になる．また，方式（2）や（3）の場合も同様に考えればよい．知りたいのは普通$P(4,4)$の値だが，消化試合論法で示したことは，このいずれの漸化式で計算しても$P(4,4)$は同じになるということだ．

　方式（4）と（1）の場合に$P(a,b)$をエクセルで計算した結果の表をつける（右ページの表の上2つ）．方式（4）の場合，$P(4,4)$は0.8267にもなり，Aが圧倒的に有利だが，方式（1）〜（3）では0.5560くらいである．

　最後に「あっち向いてホイ」の方向数が左右上下の4つになった場合（表の下2つ）だが，この場合は最初と同様な計算で先攻が得点する確率が4/7とわかるので，上の漸化式の2/3を4/7で1/3を3/7で置き換えて計算すると，$P(4,4)$の値は，方式（4）で0.6531，方式（1）〜（3）では0.5226になる．

方向数2（左右）のとき　　先攻が得点する確率　P=2/3

方式1（失点したほうが先攻）

	1	2	3	4	5	6
1	0.666667	0.222222	0.074074	0.024691	0.008230	0.002743
2	0.888889	0.592593	0.296296	0.131687	0.054870	0.021948
3	0.962963	0.814815	0.567901	0.331962	0.172839	0.083219
4	0.987654	0.921811	0.768176	0.556013	0.353605	0.203221
5	0.995885	0.968450	0.886145	0.736778	0.548798	0.368541
6	0.998628	0.987654	0.947417	0.856780	0.714119	0.543820
7	0.999543	0.995275	0.976782	0.926993	0.832631	0.696856

方式4（常にAが先攻）

	1	2	3	4	5	6
1	0.666667	0.444444	0.296296	0.197531	0.131687	0.087792
2	0.888889	0.740741	0.592593	0.460905	0.351166	0.263375
3	0.962963	0.888889	0.790123	0.680384	0.570645	0.468221
4	0.987654	0.954733	0.899863	0.826703	0.741350	0.650307
5	0.995885	0.982167	0.954733	0.912056	0.855154	0.786872
6	0.998628	0.993141	0.980338	0.957578	0.923437	0.877915
7	0.999543	0.997409	0.991719	0.980338	0.961371	0.933552

方向数4（左右上下）のとき　　先攻が得点する確率　P=4/7

方式1（失点したほうが先攻）

	1	2	3	4	5	6
1	0.571429	0.244898	0.104956	0.044981	0.019278	0.008262
2	0.816327	0.536443	0.309871	0.167073	0.086291	0.043276
3	0.921283	0.741358	0.527161	0.341796	0.207333	0.119731
4	0.966264	0.863450	0.701884	0.522601	0.361657	0.235928
5	0.985542	0.930463	0.822927	0.676924	0.519763	0.375533
6	0.993804	0.965477	0.899382	0.793121	0.659368	0.517781
7	0.997344	0.983181	0.944738	0.873280	0.770152	0.646167

方式4（常にAが先攻）

	1	2	3	4	5	6
1	0.571429	0.326531	0.186589	0.106622	0.060927	0.034815
2	0.816327	0.606414	0.426489	0.289403	0.191485	0.124341
3	0.921283	0.786339	0.632118	0.485240	0.359345	0.258629
4	0.966264	0.889153	0.778995	0.653100	0.527205	0.412101
5	0.985542	0.944232	0.873416	0.778995	0.671085	0.560092
6	0.993804	0.972559	0.930069	0.865323	0.782078	0.686941
7	0.997344	0.986722	0.962442	0.920820	0.861359	0.786609

第59話 アリス，マジックに再挑戦

　グリフォンとアリスは，前に不思議の国と鏡の国の合同文化事業として行われた演芸会（『パズルの国のアリス　美しくも難解な数学パズルの物語』第19話）でのマジックが好評を博したので，また2人で何かをと頼まれてしまった。マジックの種はグリフォンが考えてくれたが，今回は，グリフォン自身はあまり舞台に出たくないと言うので，アリスが主に演ずることになった。といっても，1人ではできないから，（サンデイからサタデイまでの曜日にちなんだ名前を持つ）7匹

のヤマネの姪たちが協力してくれることになった。失敗してはグリフォンに申し訳ないので，アリスたちは練習に懸命だ。

さて，今度のグリフォン演出のマジックは次のようなものだ。会場に1から100までの番号を振られた箱を置き，アリスの見ていないところでその中に観客から預かった品物を入れる。外から見てもどの箱に品物が入っているかはわからないが，ヤマネの姪たちは入れるのを見ていたので，もちろんどの箱か知っている。さて，その後，審判員からアリスに2つの番号が伝えられるが，1つは品物が入っている箱であり，もう1つは審判員がランダムに選んだもので審判員とアリス以外はその番号を知らない。アリスは姪の1人に質問をする。それは，例えば，「サンデイちゃん，ポットの中は快適ですか？」というもので，それに対して例えばサンデイは「ハイ」または「イイエ」と答える。答えを聞いた後で，アリスは正しい箱を選んで開け，品物を取り出すというわけである。

選択肢は2つしかないので，自由な質問を許せば，答えが「ハイ」と「イイエ」しかなくとも，アリスは正しい箱を必ず知ることができる。例えば「正しい箱は10番ですか？」と聞けばよい。しかし，このマジックが奇妙なのは，アリスの問いは，いつも「×××ちゃん，ポットの中は快適ですか？」というものであることだ。また，アリスに示された2つの選択肢を姪たちが知っているなら，正しい番号が大きいほうか小さいほうかを「ハイ・イイエ」で伝えることができるが，姪たちはもう1つの選択肢を知らない。

このヤマネの姪たちとアリスとが演じたマジックは，無事，好評のうちに終了したが，読者に考えていただきたいのは，このマジックの種である。アリスはどのようにして質問相手を選び，また，その相手はどのように答えているのだろうか。

第59話の解答

　このマジックのポイントは，誰に尋ねるかによって，その答えからアリスが知る内容が異なるようにしておくことだ．

　具体的には，次のような仕掛けをしておくとよい．1から100までの番号を2進法で表すと7ビットでどれもが区別できる．そこで，サンデイからサタデイまでに正解の各桁を左から振り分け，それぞれが1と0を「ハイ」と「イイエ」に変換して答えるようにしておくのだ．つまり，サンデイは正解が64未満ならば「イイエ」，64以上ならば「ハイ」と答える．またサタデイは正解が偶数ならば「イイエ」，奇数ならば「ハイ」と答える．マンデイからフライデイまでの答え方は，もう少し複雑にはなるが，それでも大した計算ではない．

　さて，審判員からアリスに告げられる2つの選択肢は，もちろん違う番号である．つまり，その2進表記を7桁並べるとどこかのビットが異なっている．例えば，正しい箱が90番でもう1つの選択肢が28番だったとしよう．すると，90と28のそれぞれの2進表記は1011010と0011100であり，この2つの数は左から1，5，6桁目で異なっている．そこで，アリスはこれらの桁を担当しているサンデイ，サースデイ，フライデイの誰かに尋ねればよいのだ．

　例えば，「フライデイちゃん，ポットの中は快適ですか？」と聞けば，フライデイは自分の担当が6桁目であり，正解90の6桁目は1だから「ハイ」と答える．すると，アリスは自分が持っている選択肢2つと比べることで，正解が90だと知ることになる．

　このマジックはいささか自由度が大きい．つまり，上のケースでは，フライデイでなくサンデイやサースデイに尋ねても，マジックはうまく進められる．そのことがマジックを面白くしているようにも思うが，数学的にはやや冗長になっていることが筆者には気になる．この冗長度を下げて，姪の人数を減らすことが可能だろうか？　アリスの持つ選択肢の数が増えたときには，この種のマジックはどうすればよいだろうか？　姪たちの答えに「ハイ」と「イイエ」以外のものを使えるとしたらどうなるだろうか？　などなど，考えられる改善や一般化は多い．読者諸賢の知恵を拝借したい．

第60話 ババが2枚のババ抜き

　ヤマネと帽子屋が，カードを使ってなにやらゲームをやっている。「キヒヒ，またお前の負けだ」と帽子屋。

　アリスは，好奇心ではちきれそうになっているのだが，へたに口を出すと帽子屋に怒られそうなので，おっかなびっくりで少し遠目に観察していたところ，どうやら一種のババ抜きをやっているらしいとわかってきた。2人で互いに手札のカードを抜き合い，同じカードが対になると場に捨てる。

　「2人でババ抜き？　そんなのどこが面白いのだろう」といぶかしがるアリス。そのうち，帽子屋がヤマネの手札からジョーカーらしいものを引き，ヤマネがうれしそうな笑顔を見せる。ところが，アリスが見ると同じような札が，帽子屋の手札の中に既にあるのに，帽子屋は捨てようとしない。

アリスは思わず口を出しそうになったが,「いやいや, 何かあるに違いない」と思ってこらえていると, すぐそばで2人の様子を同じように観察していた三月ウサギがささやいた。

「そうそう。少し, お利口になったね。わからないことにはむやみに口を挟まないほうがいい。ババはね, 他のカードと違って2枚揃っても捨てられないのさ」

「え, ではどうやって勝負がつくんですか？」

「ババ以外のカードが全部捨てられたとき, ババ2枚を持っていたほうが負けさ。あるいはその次がカードを引く番でババが2枚集まってしまったら負けだ」と三月ウサギ。そして不思議そうに続ける。「ところが, 変なんだよな。さっきから見てると, やたら帽子屋ばかりが勝つ。カードに何か仕掛けでもあるのかな」。

　それを聞いていた帽子屋, 烈火のごとく怒って「やい, 三月ウサギ。そこのお嬢さんが多少分別を身につけたってのに, てめえは何だ。勝手な憶測でものを言うんじゃねえ」。

　確かにカードには仕掛けはなさそうだし, 2人とも相手にカードを引かせる前にはよくシャッフルしている。最初はジョーカーと1からnまでのカードを1枚ずつ持って始めるが, どちらが先に引くかは一勝負毎に交代で, 毎回変えることといえばジョーカー以外のカードの枚数nくらいだ。一見, 平等に見えるこのババ抜き, どうなっているのだろうか。

　あとで, グリフォンと検討してみて, アリスは, 仕掛けがカードそのものではなく, カードの枚数nの選び方にあることを知ったが, 帽子屋はどのようなトリックを使ったのだろうか。ジョーカー以外のカードをn枚ずつ持って, このババ抜きを始めた場合に, 最初にカードを引く人の勝率を計算すれば, その答えは自ずから明らかになるが, nの値によってその勝率はどのように変化するだろうか。もちろんカードはよくシャッフルされていて, m枚のカードから1枚を引くとき, どのカードが引かれる確率も$1/m$とする。

第60話の解答

　問題やそれに用いたジョーカーが2枚あるババ抜きというゲーム自体は，筆者が考案したものだが，それを思いつくにあたっては，多少経緯がある。それから始めよう。

　パズル好きの人が集まるサークルで「パズル懇話会」なるものがある。そのサークルの運営するメーリングリストで岩井政佳氏が「ババ抜きは偶数枚持ちの人が有利なのでは？」という問題を提起したのが発端といえる。

　まずババ抜きのルールを確認しておこう。ババ抜きは，囲碁，将棋，チェス，コントラクト・ブリッジなどとは違い，世界的に通用するルールが決まっているゲームではないが，ゲームに関するルールブックとして比較的権威のある「Hoyle's rules of games」（2001年，第3版）のOld Maid（ババ抜き）の項を見ると次のようになっている（訳は筆者）。

　標準的なトランプ1組からクイーンを1枚抜き去り，残りを全員に1枚ずつ全部配る（各人が同じ枚数になる必要はない）。2人から8人でプレーする。各プレーヤーはペアになったカードを表にして捨てる（3枚は捨てられない）。次に各プレーヤーは，代わる代わる，手札をシャッフルし，裏を向けて自分の左隣の人に差し出す。左隣の人は，そこから1枚引き抜き，ペアができたらそれを捨て，自分の手札をシャッフルしてさらに左の人に差し出す。最後にペアを作れなかったクイーンを持った人が残るので，その人が「old maid（老嬢）」というわけだ。

　これによるとOld Maidというゲームは最初51枚のカードから始めることになる。日本で普通に行われているババ抜きは，クイーンを抜く代わりにジョーカーを入れて，53枚のカードから始めることが多いようだが，ルールの他の部分は，ほぼ上と同じだろう。実は，上のOld Maidのルールでも，最初にカードを引くのが誰かとか，カードが1枚だった人が引いてペアができてしまったら，その左隣の人は誰のカードを引くのかなど，不鮮明な部分があるのだがそれらの点は問題にしないことにする。

　岩井氏の問題提起は，「引くときに手札が偶数枚のほうが有利ではないか」と

いうものだ。そのことは思考実験をしてみると簡単にわかる。最初の1人が上がるまでは，ゲームが進行しても手札の奇偶性は変わらないので，手札が奇数枚の場合の上がりかたは，「最後1枚持っていて，引いたカードが一致する」ということになり，偶数枚の場合の上がりかたは「最後2枚持っていて，引いたカードが2枚のどちらかと一致し，残った1枚を左隣のプレーヤーに渡す」ということになる。この2つの状況を比較すれば，2枚のうち1枚を一致させればよい偶数プレーヤーのほうが明らかに有利である。

　パズル懇話会のメーリングリストでは，コンピューター実験などを通して，この事実を確認したり，どのくらい有利になるかを調べたりしている。筆者としては，直感的には明らかなこの事実を，計算でも納得できるようにと思って，ジョーカーが2枚ある2人ババ抜きを考案したわけである。2人ババ抜きで先にカードを引くプレーヤーを先攻，他方を後攻と呼ぶと，カードが全部で奇数枚の場合，先攻も後攻も手札が奇数枚のときに引くか，先攻も後攻も手札が偶数枚のときに引くかのどちらかになる。つまり，奇偶性が一致してしまい，差が生じないが，全部で偶数枚の場合，一方の人がカードを引くのが奇数枚の手札のときならば，他方は手札が偶数枚のときにカードを引くことになる。よって奇偶性による差が生じるというわけだ。

　さて，ここまでで帽子屋の使ったトリックはおわかりいただけたであろう。帽子屋は自分が先攻のときには持っているカードの枚数を偶数，すなわちジョーカーを除いた枚数であるnを奇数になるように誘導し，ヤマネが先攻のときにはnを偶数にするようにしていたのだ。

　では，奇偶性の差は，どのくらいになるのだろうか。具体的なnの値に対して先攻の勝率を計算してみよう。それを$Q(n)$とする。これを計算するには，方程式を立てるのが有効であるが，$Q(n)$だけでは方程式が立てにくいので，ジョーカーが2枚とも後攻の手札にあり，他にn枚ずつカードを持っている場合の先攻の勝率を$P(n)$とし，同様にジョーカーが2枚とも先攻の手札にあるときの勝率を$R(n)$とする。すると

$$P(n) = 1 - \left(\frac{n}{n+2} R(n-1) + \frac{2}{n+2} Q(n) \right)$$

$$Q(n) = 1 - \left(\frac{n}{n+1} Q(n-1) + \frac{1}{n+1} P(n) \right)$$

$$R(n) = 1 - P(n-1)$$

というような方程式が得られる．2番目の$Q(n)$の式を説明すると，ジョーカーを1枚だけ持っている状態で，相手から1枚カードを引いてくると，それがジョーカーでない確率は$n/(n+1)$であり，その場合，ペアができるので，それが捨てられnの値が1下がる．ジョーカーを引く確率は$1/(n+1)$であり，その場合，カードは捨てられず先攻側が2枚のジョーカーを持つことになる．どちらの場合も，次は先攻後攻の関係が入れ替わるので，後攻だった側が先攻になり勝つ確率を1から引けば，$Q(n)$が得られるというわけだ．$P(n)$，$R(n)$の式も同様だ．さらに，$P(0)=1$，$Q(0)=0$，$R(0)=0$は明らかだ．この漸化式絡みのやや面倒な方程式を解くのは得意な人に任せるとして，結論だけを述べるなら，nが偶数のときは，

$$P(n) = \frac{3(n+4)}{4(n+3)} \qquad Q(n) = \frac{n(n+4)}{4(n+1)(n+3)} \qquad R(n) = \frac{3n}{4(n+1)}$$

であり，nが奇数のときは，

$$P(n) = \frac{n+5}{4(n+2)} \qquad Q(n) = \frac{3}{4} \qquad R(n) = \frac{n-1}{4(n+2)}$$

となる．この結論を知ったあとなら，先の方程式を満たすことを数学的帰納法で証明するのは容易だろう．

　奇妙なことにnが奇数のときは$Q(n)$は一定で3/4だ．他の場合はnに依存はするが，いずれもnが大きくなるにつれ，手札が偶数枚のとき引くなら勝率は3/4に収束し，奇数枚なら1/4に収束する．したがって，2人ババ抜きの場合，偶数プレーヤーが奇数プレーヤーより3倍くらい有利という結論が得られたことになる．

　ちなみに，通常通りにジョーカー1枚でこのババ抜きを行った場合，ジョーカーを持っていない場合の先攻の勝率を$S(n)$，ジョーカーを持っている場合の勝率を

$T(n)$ とすると,n が偶数の場合は $S(n)=(n+4)/2(n+1)$,$T(n)=n/2(n+1)$,n が奇数の場合は $S(n)=(n+3)/2(n+1)$,$T(n)=(n-1)/2(n+1)$ となることを確認されたい。つまり,n が大きくなるにつれ差は薄まり,どちらも 1/2 に収束する。

最後になったが,通常のババ抜きの場合にこの奇偶性による不公平さを排除し,かつ,誰かが上がった後も滑らかにゲームを進行させるには,カードを 2 枚ずつ配り,最後のあまりの 1 枚をもらった人が左隣の人にカードを引いてもらってゲームを開始するのがよさそうだということを申し添えておく。この 2 枚ずつ配るというのはパズル懇話会の白川俊博氏の発案である。

第61話 集え！賢者たちよ

　イモムシ探偵局は，不思議の国のトランプ王室からの資金援助を得て，推理コンテスト大会を主催することになった。不思議の国と鏡の国はもちろん，その他の国々からも，自薦他薦を問わず賢者と称する人たちを集めて，その推理力を競おうというわけである。
　大会委員長という大役をもらって満足のイモムシは，ニマニマとした笑顔がこ

ぼれてしまって（自分ではあると思っている）威厳が損なわれてしまうことのないように，煙管の煙にその顔を隠すのだけに必死なようだ．一方，探偵局のただ一人の調査員であり実質的にコンテストを取り仕切らねばならないグリフォンは，問題作りを含め大会業務を一手に引き受け大忙しだ．アリス，チェシャ猫，スペードのエースたちはもちろん，あまり頼りにならないお茶会3人組の助力すらあてにしている．

　幸い，問題を整理した結果，必要なのは，番号のついた帽子をたくさんと完全に仕切ることのできる部屋をいくつかだけで済むようにしたので，大会は何とか順調に進行した．コンテストでは，基本的に，賢者たち何人かを部屋に入れて番号つきの帽子をかぶせる．自分にかぶせられた帽子は見えないが，同じ部屋にいる他の賢者たちの帽子の番号はわかる．また，番号がすべて正の整数だということは誰もが知っていて，部屋の中の会話には全員が聞き耳を立てているとする．

　さて，読者には，いくつかの部屋の様子を紹介し，問題を考えていただこう．

　まず，ウォーミングアップである．最初の部屋では，3人の賢者（A，B，C）を入れて，「3人のうち少なくとも1人の帽子の番号は偶数です」と伝えた．そして「Aさん，自分の番号が奇数か偶数かわかりますか？」と聞くと，「わからない」というのが答えだった．「では，Bさんはわかりますか」と聞くと，やはり「わからない」というのが答えだった．「では，Cさんは」と聞くと，「わかります」と答えたが，Cは偶数だろうか奇数だろうか．また，A，Bの奇偶性について何かわかるだろうか．

　次の部屋では，大勢の賢者を入れて「少なくとも1人の番号は偶数です」と告げ，「自分が偶数か奇数かわかった人はいますか？」と聞いた．このとき手を挙げるものはなかったので，10秒後にまた「わかった人は」と聞くと，やはり声なし．この問答を10秒ごとに繰り返し，20回目に聞いたとき，「ハイ」という声とともにいっせいに手が挙がった．手を挙げたのは何人だろうか．

　その次の部屋に入ったのは3人（D，E，F）だ．「2人の番号の和がもう1人の番号になっています」と告げ，順繰りに自分の番号がわかるかを聞いていった．

　D：「わかりません」

　E：「わかりません」

　F：「わかりません」

D:「わかりません」

E:「わかりました。26です」

Eの答えは正しかったが，読者にはDとFの番号がわかるだろうか。

　ここで紹介する最後の部屋には2人の賢者（PとS）が入った。「Sさんの番号は2つの数aとbの和$a+b$で，Pさんのは積abです。aもbも2以上で100以下の整数です」と告げ，「さてPさん，Sさんには自分の番号がわかると思いますか」と聞くと，Pはしばらく考えたあと「いや，Sさんにそれがわかる可能性はありません」と答えた。すると，Sがうれしそうな顔をしたので，理由を聞くと「今の答えで，私の番号がわかりました」という。すると今度はPが「それなら，私も自分の番号がわかりました」という。SとPの番号はそれぞれいくつだろうか？

　もちろん賢者たちは，互いに完璧な論理をもって答えることを前提に行動している。実際，テストに落第するものはなく，コンテスト自体は意味のない結果に終わったのだが。

....

第61話の解答

　どの問題も「知っている」あるいは少なくとも「類似の問題を見たことがある」という読者が少なからずおられるだろう。そのような読者諸氏には申し訳ないのだが，初めてこの種の問題をご覧になる人のために少しゆっくりと解説していきたい。

　特に最初のウォーミングアップの問題は，帽子の色を当てる形，あるいは汽車の煙で顔が汚れる話の形でよく出題される有名なものである。設定が微妙に違うこともあるが問題の本質は同じで，共通知識を利用するパズルの典型といえるので，この種のパズルを語る場合に外すことができない。

　では，解答である。この種の問題に慣れていないと奇妙に聞こえるだろうが，Cが「わかります」と答えるのは当然で，実はAとBの「わからない」という返答こそ重要だ。これは，「少なくとも1人は偶数」という部屋全体で共有される知識が大きく作用するせいで，この知識を梃子として各人の推論が進んでいく。まず，Aが「わからない」と言ったことの意味だが，それは「BとCの帽子の少なくとも一方は偶数だ」と言ったのと同じである。なんとなれば，もし両方とも

奇数なら，少なくとも1人は偶数という知識から自分の帽子の番号が偶数とわかるからだ。次に，そのあとでなされたBの「わからない」という発言は「Cの番号は偶数だ」と言ったのと同じである。なんとなれば，「BとCの一方は偶数だ」と知ったのちは，もしCが奇数なら，当然自分が偶数だとわかるはずだからだ。こうして，Bの発言ののちは，誰でもCの帽子が偶数とわかる。当然C自身にもわかる。一方，A－B－Cの番号が，奇－奇－偶，奇－偶－偶，偶－奇－偶，偶－偶－偶のいずれだったとしても，A，B，Cの返答は順に「わからない」，「わからない」，「わかる」になるから，AとBの番号について言えることは何もない。面白いことに，AやBの返答の一方が「わかります」だったとしても，Cの返答は「わかります」になる。ただし，その場合は，Cの帽子は奇数であり，AやBの番号の奇偶性がわかることもあることを確認されたい。

　次の問題は，上の問題の発展形に過ぎないが，こちらは40人が妻の不貞を見つけるという形で出題されることが多いようだ。ここでも共通知識は「少なくとも1人の番号は偶数」ということである。仮に部屋に偶数番号の人が1人しかいなかったらどうなるだろうか。その人は，自分以外が全員奇数なのを見て，「少なくとも1人いる」と言われた偶数番号が自分であることがわかるから，ただちに「わかった」と言うであろう。では，2人いたらどうだろうか。その場合，その2人は，自分以外の人の中に偶数番号がちょうど1人いることを知っている。そこで考えることは「もし自分が奇数だったら，部屋には偶数番号が1人しかいないから，その人はただちに『わかった』と言ったはずだ。そうでないから自分は偶数に違いない」となる。そこで2回目に聞かれたとき，その2人は「わかった」と手を挙げる。その先は，数学的帰納法だ。部屋に偶数番号がn人いたとき，そのn人はn回目に「わかった」と手を挙げるとしよう。すると，$n+1$人いた場合，その$n+1$人は自分の外に偶数がn人いるのを見て次のように考える。「もし自分が奇数だったら，部屋には偶数番号がn人しかいないから，その人たちはn回目に『わかった』と言うはずだ。そうでないから自分は偶数に違いない」。そこで$n+1$回目に聞かれたとき，その$n+1$人は「わかった」と手を挙げる。結局，20回目に挙がったのだから，手を挙げたのは20人のはずだ。その偶数番号20人の中に手を挙げなかった人がいれば，その人はもちろんコンテストに落第である。

3番目が，これらの問題の中では比較的目新しいかもしれない。類似の問題は見たことがある人も少なくなかろうが，一応，筆者がこのコラムのために作ったものだ。もちろん，原理は他の問題と変わらない。今度の共通知識は，「3人のうち，2人の番号の和がもう1人の番号」ということだ。この場合に，順繰りの返答からその場にいない第三者にわかることは，3人の番号の比だけだ。D，E，Fの番号の比を$d:e:f$と書くことにすると，これはもちろんすべて整数の比だが，最初のDの返答から何がわかるだろうか。実は$d:e:f \neq 2:1:1$がわかる。なぜならEとFが同じ番号nならば，共通知識よりDの番号は0または$2n$でなければならないが，番号はすべて正の整数ということだから$2n$でなければならず，Dには自分の番号がわかる。Dが「わからない」と答えたからには，その可能性はない。

　さて，問題設定より$d:e:f$は正の整数比で$d=e+f$，$e=f+d$，$f=d+e$のいずれかが成り立つ。また，d，e，fは互いに素であるとしてもよいこと，その場合d，e，fがただ1つに定まることは理解していただけるだろう。ここで，順繰りに聞いていけば最大の番号を持つ人がやがて「わかった」と言うであろうことを，数学的帰納法で一足飛びに証明してしまおう。まずd，e，fの最大値が2であれば，他の2つは1であり，その場合最大の番号を持つ人が聞かれた最初の時点で「わかった」ということは，先と同じ論法により明らかである。今，仮に$d>e>f$とすると，Dにはen，fnという番号が見えるのだから，自分の番号が$(e+f)n$または$(e-f)n$であることがわかる。したがって，比は$e+f:e:f$または$e-f:e:f$であり，もし後者であれば帰納法の仮定により，Eがある時点で「わかった」と言うはずだ。したがって，その時点を過ぎてもEが「わかった」と言わなければ，自分の番号はEとFの番号の和であることがわかり，次に自分が聞かれた番で「わかった」と言うことができる。この事情は，最大の番号を持つ人がEやFであっても同じである。

　これでこの問題の一般論は完成である。しかし，具体的な比の場合に何回目に「わかった」と言うかは，順次考えていったほうが近道だろう。Dに続くEの「わからない」という返答からは，比$1:2:1$，$2:3:1$の可能性が除ける。後者が除けるのは一般論で述べたように，Dが「比は$2:1:1$でない」と言ったのも同然だからだ。同様に次のFの返答により，$1:1:2$，$2:1:3$，$1:2:3$，$2:3:5$

の可能性が除ける。さらに，Dの2回目の「わからない」により，3：2：1，4：3：1，3：1：2，4：1：3，5：2：3，8：3：5の可能性がなくなる。最後にEがとうとう「わかった」と言ったわけだが，この結果，比の可能性には1：3：2，2：5：3，1：4：3，2：7：5，3：4：1，4：5：1，3：5：2，4：7：3，5：8：3，8：13：5の10通りがありうる。その場にいない第三者には，一般にはこのように比の可能性のいくつかがわかるだけだが，Eが26と答えたとすれば，上の10通りのうちEの比率が26を倍数に持つのは8：13：5だけだということにより，Dの番号は16，Fの番号は10だとわかる。

最後の問題は，少なくともその変形が色々なところで引き合いに出されるから，詳しい読者は当然知っておられよう。実は，「数学ゲーム」でもガードナーが紹介している（「サイエンス」1980年2月号，別冊サイエンス『数学ゲームIV』）。そのような古いパズルをあえて載せたのは，やはり，これが共通知識パズルの名峰の1つであり，知らない読者もおられるだろうから，考えていただくのも悪くないと思ったからだ。共通知識は「2以上100以下の2つの整数aとbの和$a+b$と積abがそれぞれ2人の番号」ということだ。一応確認しておくが，2つの数aとbがわかれば当然$a+b$とabもわかるし，逆に$a+b$とabがわかれば，2次方程式$x^2-(a+b)x+ab=0$を解くことでaとbもわかる。

積$p=ab$が見えているはずのSに和がわかるのは，pを2以上100以下の2つの整数の積に表す方法が1通りしかない場合だ。分析すると，これにはpが，2つの素数の積の場合，50より大きい素数（例えば53）を因子に含む場合などがある。すると，和$s=a+b$が見えているPの言葉「Sに和がわかる可能性はない」は，「sが2つの素数の和でなく55以上でもない」ことを含意する。この結果，sの可能性として残るのは，11，17，23，27，29，35，37，41，47，51，53だけとなる。しかも，このうち51は候補から落ちる。なぜなら$51=17+34$だから$p=17\times34$の可能性があり，このpを2以上100以下の2つの整数の積に表す方法は他にないので，この場合Sには和が51とわかるからだ。

次に，この言葉を聞いてSに和がわかったということは積pの因数分解abのうち，$a+b$が上の10候補のどれかになるのが，ただ1つの場合である。例えば$p=18$は，2×9と3×6の可能性があるが，後者は$3+6=9$が候補の中にないので，$s=2+9=11$とわかる。また，$p=24$は，3×8，6×4，12×2の可能性

があるが，$6+4=10$ も $12+2=14$ も候補にないので，やはり $s=3+8=11$ とわかる。反対に $p=30$ は，2×15，3×10，5×6 の可能性があり，$2+15=17$ も $5+6=11$ も候補の中にあるので，Sには和がどちらかわからない。

　最後にSに和がわかったということから，Pにも積がわかったという事実がある。これは，分割 $s=a+b$ が上の18や24のような積 $p=ab$ を生み出す場合が1通りしかないことを意味する。上で見たように，$s=11$ は，$3+8$ の場合に $p=24$，$2+9$ の場合に $p=18$ を生み出し，Sに和がわかったという事実をもってしても，この区別がつけられないのでPには積 p を決定するすべがない。同様に考えていくと，$s=17$ は，$13+4$ のときにのみ，上のような積 $p=13\times4=52$ を生み出す。従って $s=17$，$p=52$ の場合，問題のような会話が起こりうる。詳細は読者に検討を願うしかないが，そのような会話が起こりうるのはこの場合だけなので，Sの番号は17，Pの番号は52であったことが，第三者にもわかる。

　2つの数 a，b の上限を上げていくとどうなるか気になる読者もおられるだろうが，これ以上は計算機実験の領域に入るので，適当な文献を参照されるのが望ましい。筆者の知るところではジュリアン・ハヴィルの『世界でもっとも奇妙な数学パズル』（青土社，松浦俊輔訳）が第3章でかなり詳しく論じている。

第62話 賢者たちのチーム戦

　第61話で述べたイモムシ探偵局主催の推理コンテスト大会の話を続けたい。各部屋でのコンテストは主に個人戦であったが，一部には団体戦もあったので，今回はそれについて紹介しよう。

　互いの帽子の番号は見えるのだから，団体戦ではもちろん，部屋に入って帽子

をかぶせられたあとは勝手な情報交換は一切禁止される。その代わりにその前に好きなだけ相談して，戦略を練ることが許される。また，推理ゲームがどういうルールで行われるかということは，事前に完全に伝えられる。1つのコンテストは次のようなものだった。賢者たちは何人かでチームを作り部屋に入る。そして，自分にかぶせられた帽子の番号が奇数か偶数かを一斉に推測するのだ。ただし，各賢者は自分以外の帽子の番号がどうなっているかという状況を見て，事前の打ち合わせに従って自分の番号の奇偶性を答える。例えば，自分に見えている番号のうち半数以上が偶数なら「偶数」，そうでなければ「奇数」と答えるというのでもよいし，同じ番号が見えていれば「偶数」全部異なれば「奇数」と答えるというのでもよいし，もっと複雑な戦略でもかまわない。チームが一様な戦略を使わねばならないという制限もなく，チームの各メンバーがそれぞれまったく別の規則にしたがって答えてもよい。ただ，見えている番号がどんな場合でも，当てずっぽうに答えることだけは許されない。チームの得点は正答率である。

　これだけなら，戦略と実際にかぶせられた帽子の番号との関係の運試しになるが，実は，これはチーム対抗戦であり，帽子のかぶせかたは相手チームが指定するのだ。しかも，各チームは自分たちが採用した戦略を事前に相手チームに公開せねばならないというルールである。だから，相手チームは当然正答率が最低になるようなかぶせかたを指定してくる。

　さて，このコンテストで，不思議の国のスペードチーム13人と鏡の国の白のチェス駒チーム16人が対戦した。双方が最善を尽くしたとして，どちらに軍配が上がったかを読者には予想し

ていただきたい。

　次の部屋でのコンテストも似ていた。今度も，かぶせられた帽子の番号の奇偶性を当てるのは同じだが，チーム全員は一列に並ばされ，後ろの人からは前の人の帽子が完全に見えるが，前の人からは後ろがまったく見えない。今度は，後ろの人から順に答えを聞いていき，前の人は後ろの人たちがどう答えたかを知ることができる。そのほかのルールは最初のコンテストと同じだが，当然，自分より後ろの人がどう答えたかということを各人の戦略要素の中に含めることができる。やはり，スペードチーム13人と白駒チーム16人が対戦したとき，どちらが勝ったであろうか。

第62話の解答

　最初のコンテストは，実は，偶数人からなる白駒チームの必勝である。帽子のかぶせかたがランダムならもちろんそんなことはないのだが，かぶせかたを相手チームが指定するということで状況が変わってしまい，どのチームも正答率50%を超えることがありえなくなるのだ。

　なぜだろうか。仮にスペードチーム13人がある戦略を立てたとしよう。それに対して相手チームは，スペードチーム全員に番号1か2の帽子をかぶせようと決めることができる。この場合，帽子のかぶせかたは $2^{13} = 8192$ 通りある。さて，スペードのエースにかぶせる帽子を除くと，残り12人への帽子のかぶせかたは $2^{12} = 4096$ 通りあり，これを見てスペードのエースは自分の帽子が奇数番か偶数番かを答えなければならない。すると戦略がどんなものであれ，自分にかぶせられる可能性のある番号1と2のうち，一方は正答で他方は誤答になる。つまり，8192通りのうち，スペードのエースが正答するのは4096通りで，誤答するのも4096通りである。これは，明らかにエースだけでなくスペード全員に当てはまる。つまり，各人は8192通りのうち，4096通りに正答し，4096通りに誤答する。よって8192通りすべてを考えたとき，戦略にかかわらず，合計正答数は $4096 \times 13 = 53248$ である。ということは，8192通りの中には必ず正答率が50%以下になるかぶせかたが存在するということだ。というのは，どんなかぶせかたでも7人以上が正答するなら，合計正答回数は $8192 \times 7 = 57344$ 以上になり，53248

を超えてしまうからだ．

　したがってスペードチームがどんな戦略をとってこようと，相手チームは番号1と番号2の帽子をうまくかぶせることで，スペードチームの正答数を6以下に抑えることができる．6/13＜0.5であるから，相手チームは自分たちの正答率を50％にできれば，この対戦に勝利でき，実は，偶数人のチームにはこれが達成できる．やり方は簡単で，チームメンバーが2人ずつペアになり，一方は自分の相方が偶数番なら「偶数」，奇数番なら「奇数」と答え，他方は反対に相方が奇数番なら「偶数」，偶数番なら「奇数」と答えるのだ．この戦略ならばかぶせかたにかかわらず，ペアのうち一方は必ず誤答し他方は必ず正答することを確認されたい．

　次の部屋での対戦だが，これも白駒チームが勝利する．理由はやはり人数だが，偶数だからではなく，スペードチームより多いからである．この場合，前しか見えないというハンディキャップにもかかわらず，後ろの人の答えを聞いた後で答えられるということを利用して，n 人のチームでは，一番後ろの人を除く全員，つまり $n-1$ 人が正答する戦略があるのだ．例えば次のようなものである．

　一番後ろの人は，自分より前に奇数番が何人いるかを数え，それが奇数ならば「奇数」，偶数ならば「偶数」と答える．すると後ろから2番目の人は，その答えと自分の見ている番号中に奇数がいくつあるかということを比較することで，自分の番号の奇偶性がわかる．例えば，一番後ろの人の答えが「奇数」で，自分に見えている番号の中に奇数が偶数個しかなければ自分は奇数番である．それ以降の人も，自分の前までの「奇数」という答えの個数と自分に見えている奇数番号の個数を対比することで自分の番号の奇偶性がわかる．つまり，その合計が奇数ならば自分は奇数番であり，偶数ならば偶数番である．

　こうして，一番後ろの1人を除いて全員が確実に自分の番号の奇偶性を当てる戦略が存在するから，n 人チームでは正答率 $(n-1)/n$ が保証される．一方，どんな戦略を採用しようと，一番後ろの人の答えは，前の人たちの帽子の番号だけから決めざるを得ないので，それを裏切るような帽子のかぶせかたが必ず存在し，正答率を $(n-1)/n$ 以上に上げることはできない．したがって，互いに最善を尽くした場合，16人チームの正答率は15/16，13人チームの正答率は12/13となる．

第63話 色模様反転装置

　アリスが白の騎士と連れ立って散歩をしていると，赤のポーンの何人かが刷毛を持って忙しそうに作業をしているところに通りかかった。アリスは，不思議の国でスペードの兵士たちが白バラを赤く塗っていたのを思い出して，きょろきょろとあたりを見回したが，バラなどは植わっていない。「何をしてらっしゃるんですか？」と聞くと，ポーンの1人が黙って足元を指差した。鏡の国では，地面の多くがチェス盤のように赤白の市松模様に塗り分けられていることが珍しくな

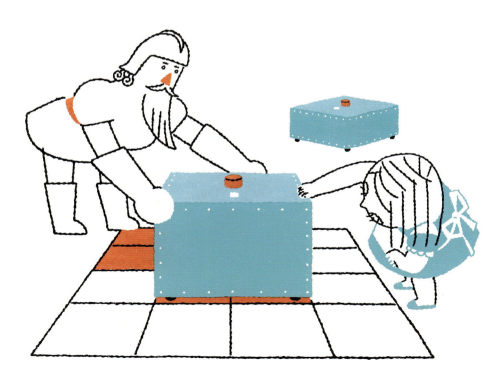

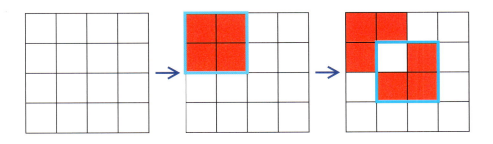

い。そこも公園の一部なのだが，8×8の正方形の領域が描かれていて，赤白に塗られている。

「ここも市松模様に塗られていたんだけど，どうも赤の女王陛下のお気に召さないらしく，赤白を全部反転しろっておっしゃるんだ」とそのポーン。「それでおいらたちがかりだされたんだけど，64マスもあると結構大変でね……」。

白の騎士はそのやり取りを黙って聞いていたが，「ちょっと思いついたことがある」とアリスに告げ，散歩を中断して，そそくさと帰って行った。

何日かして，アリスが工房を覗いてみると，白騎士は四角い箱のような形の新しい発明品を前に腕組みをしている。アリスを見て，「ちょうど良いところに来た。これから試運転だ」と騎士。床に4×4の白いマス目が描いてある（上図の左）。騎士が装置を床に下ろすと，ちょうど2×2のマス目が覆われた。装置の上面にボタンがあり，それを押すと一瞬ウィーンといううなり音が聞こえ，すぐにやんだ。そこで騎士がその装置を持ち上げると，その下にあった4つの面が赤に塗られている（上図の中央）。斜めに1マスずらしてその装置を床に下ろし，もう一度同じ操作をすると，その下の赤だったマスは白に，白だったマスは赤に変わった（上図の右）。

「わー，すごい」とアリスが歓声を上げると，騎士はまんざらでもない顔で「ま，大したことではないが，これであの作業もずいぶん効率化されるはずじゃ。もっと大きな面にも対応するように3×3マスを反転させる装置も作ったから，組み合わせて使えば，いろんな面に対応できる」。

アリスはここでふと疑問に思い，「1×1の装置はいらないんですか？」と聞くと，騎士は怪訝そうに「1×1？」とオウム返しだ。アリスが，「だって，最初から市松模様に塗ってあるのを反転するだけならその2種類の装置で十分かもし

れないですが，こういう最初は白マスだけなんてのを市松模様にするには？」と言うと，騎士はしばらく考え込んだ挙句，結局「そういうのは刷毛で塗ればよいのじゃ」と一刀両断である．確かに1マスだけなら刷毛で塗っても……とアリスも思わないではないが，ここで読者への問題である．

　騎士の作った2種類の装置だけを使って，$n \times m$格子のどこか1マスの色だけを反転させることができるだろうか？　もし可能だとしたら，そのマスは格子面全体のどのような位置にあればよいだろうか？　次には，同じ問題を2マスで考えてほしい．つまり，同じ2種類の装置だけで格子面上のどこか2マスの色だけを反転させることができるだろうか？　可能だとしたら，その2マスの位置関係はどうなっているだろうか？　また，騎士の作った装置だけで，真っ白な4×4，4×6，6×6，8×8の格子を市松模様に変えることができるだろうか？　既に市松模様に塗られている5×5の格子の色模様を反転させることができるだろうか？

第63話の解答

　最初に答えだけを述べるなら，次のようになる．まず，1マスだけ色を反転するのは，そのマスがどこにあろうと不可能である．2マスだけ色を反転するのは，全体が3×4以上で，その2マスが縦にも横にも3の倍数マス分隔たっていれば可能である．そうでなければ不可能だ．また，真っ白な4×4，6×6，8×8の面は市松模様に変えることができるが，4×6の面はそれができない．既に市松模様に塗られている5×5の色を反転させることもできない．

　このようにある模様を色分けする問題は，数学的な枠組みでとらえれば，有限群の問題と考えることができる．そのように考えることの良さは，類似の問題に共通の理論的視点を与えることで，例えば計算機でしらみ潰しに調べる場合などに無駄や重複を避けるためには有用かもしれない．しかし，個々の具体的問題を解くために役に立つとは限らないので，ここではもっと素朴に考えてみたい．

　不可能性の証明には，群やベクトル空間でなくとも，何か巧妙な数学的道具が必要になりそうだから後回しにしよう．できるという結論を持つ問題は，具体的な手順を与えてやるだけでよい．まず，考えを整理する上で鍵となる3×3の面

の対角マス（下図左の緑色のマス）だけの色反転ができることに注意しよう。

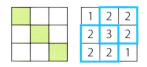

　これは簡単で，3×3の装置で全体を1回，2×2の装置で左下と右上の4マス（上図右の青枠部分）を1回ずつ反転させればよい。図には参考のため各マスが合計何回反転されるかを数字で記しておくが，偶数回の場合は元に戻ってしまい，奇数を記した対角線マスだけが結局反転されることになる。

　さて，そうすると，3×4の面の2つの3×3部分で対角線マスの反転を対称的に行えば，下図の緑色マスが反転されることになる。最後に下図で青枠で囲った領域を再度反転させれば，左右の上隅のマスだけが反転することになる。

　この2マスの反転部位を上下左右に平行移動できることは，簡単に納得していただけるだろう。また，90度回転させて考えれば，上下に3隔たった2マスだけを反転させられることもわかる。さらに，この2マス反転を適当につなげていくことで，一般には，上下左右のどちらにも3の倍数分隔たった2つのマスだけを反転させることができる。

　では，白い4×4の面を市松模様に変えられるだろうか。これは例えば次のようにすればよいことがわかる。まず，左下と右上の3×3部分の対角マスを反転する。

市松模様にするには，さらに左下隅と右上隅のマスを反転させねばならないが，これらは上下に3，左右に3隔たっているので，その2マスだけの反転は可能だ。

8×8の面は，4×4の面が4枚あると考えて，それぞれを市松模様にすればよい。6×6は，下図を見てもらうのが，わかりやすいかもしれない。

図でAからIまでの文字を記したマスが2つずつあるが，同じ文字のマスはいずれも上下に3，左右に3隔たっている。したがってそれを対にして，2つずつ反転していけば，市松模様が完成する。

A		B		C	
	D		E		F
G		H		I	
	C		A		B
E		F		D	
	I		G		H

次は，いよいよできないことの証明である。この種の証明には何かの不変量を使うというのが数学では常套手段だ。つまり，騎士の装置による変形を受けても変わらない何かを見つけ，最初の状態と目標とする状態ではそれが異なるから，決して目標状態には行き着くことがないという論法だ。

その不変量のために下の左図のような面を考えよう。面は上下左右に無限に広がっている。文字Sがどのような配置になっているかは図から読み取ってもらえると思う。この配置の妙は，3×3の区画を任意に選ぶとその中に文字Sが必ず4つ含まれるという点だ。

また，2×2の区画を任意に選ぶとその中には，Sはまったく含まれないか，

ちょうど2つ含まれる。0も2も4も偶数だということがポイントだ。これが何を意味するかというと，騎士の装置を載せたとき，その下に来るSマスは常に偶数個だから，装置を何回使おうと，色が反転されるマスの数はSマスに限れば常に偶数個だということだ。

つまり反転したSマス個数の奇偶性が不変量になる。では，1マスだけの反転ができないという証明のために，この不変量を使ってみよう。その場合，反転させたいマスがSと重なるように$n \times m$面をおく。例えば5×5の中央のマスを反転させたいとしたら，左ページの下右図（A）のようにおく。騎士の装置を使う限り，反転しているSマスは偶数個だから，それが緑色のSマスだけということはありえない。また隣り合った2つのマス目だけを反転させることができないことは，例えば（B）のように長方形をおいてみるとわかる。もし緑色のSマスが反転しているならば，他にもどこか反転しているSマスが存在するはずだからだ。ほかの位置関係にある2つのマスも，それらが上下左右に3の倍数だけ離れているのでなければ，うまく重ねることで，一方をSマス，他方を非Sマスにすることができる。

また，真っ白な4×6の面を市松模様にできないことは，例えば下図のようにSマス配置と重ねればわかる。図では，赤のSマスが5個あるが，これは奇数なので騎士の装置だけでこの模様は作れない。

最後に，既に市松模様に塗られている5×5の面を反転させるということは，全部マス目の色を反転させるということだが，下図のようにSマス配置と重ねると，Sマスは11個だから，そのすべてを反転することは不可能だとわかる。

第64話 続・色模様反転装置

　第63話で紹介した白の騎士の色模様反転装置は，意外なほど評判がよく，うわさでは鏡の国以外からも多くの問い合わせや注文をもらい，白騎士の副業の中では一番の稼ぎ頭であったウイスキーの製造販売業（『パズルの国のアリス　美しくも難解な数学パズルの物語』第10話）を凌ぐほどだという。格子模様を塗り替えるには確かに便利だけれども，そんな用途の限られた装置がどうして評判になるのかアリスにはさっぱりわからない。ともかく白の王様とともに工房に応援に駆けつけてみた。

　第63では，2×2と3×3の反転装置を作ったことを述べたが，白騎士は，悦に入ってそのほかに5×5や7×7の装置の試作品も作ったらしく，前に作った装置のそばにそれらが並べて置いてある。ところが，当人は，方眼紙を前に頭を抱え

て何やら悪戦苦闘中で，アリスと王様の顔を見ても悩ましげな表情を崩さない。

「商売は，順調と聞いたが，そのわりにはずいぶんと難しげな様子じゃな」と王様。「は，陛下。実は，どのようなサイズの装置があれば，模様を好きなようにできるかを色々考えておりまして」と騎士。それを聞いてアリスは，「そんなら，前にも言ったように，1×1の装置を作るのが一番簡単に違いないのに」と思ったが，そんなありきたりの答えは鏡の国では問題にもされないに決まっている。

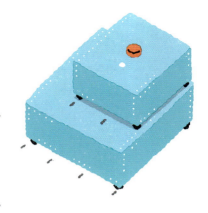

「例えば5×5の真っ白な格子模様を中央のマスが赤の市松模様にすることは2×2と3×3の装置を使えば何とかなることはわかったのですが，中央のマスが白の市松模様にすることはできそうもありませんでした。それで全体を反転するのが手っ取り早いだろうというわけで5×5の装置を作りました。格子全体が十分大きいなら，2×2，3×3，5×5でどんな模様もできるかとも思えたのですが，他に7×7の装置も試作してみました。ですが，これが本当に必要という場合があるかどうか……」

「ふーむ。そちは正方形の装置が好きなのじゃな。それにしても4×4とか6×6とかいう装置はいらんのか？」と王様。

明らかにこの王様の問いは愚問である。白の騎士は，王様の機嫌を損じないよ

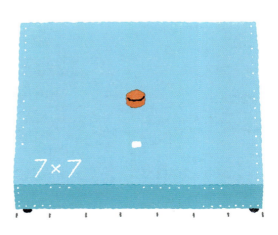

うにどう答えようかと余計な気を使うことになったが，それについては騎士に任せておいて，読者には騎士の悩みを解決していただきたい。

まず，ウォーミングアップとして，騎士のいう「2×2と3×3の装置によって，5×5の真っ白な格子模様を中央のマスが赤の市松模様にする」方法を考えていただこう。また，その2種類の装置だけでは白い5×5の格子を中央のマスが白の市松模様にすることができないことを証明していただきたい。どちらについても第63話の解答（104ページ）が参考になるかもしれない。

5×5の装置がさらにあれば相当のことができる。そこで次には，白の騎士の疑問，つまり2×2，3×3，5×5の装置3種で7×7の装置の代わりが務まるかどうかについて考えてほしい。

これまで述べてきた装置は2色を反転させるものだった。白の騎士は，さらに3色を扱う装置を構想している。これは，例えば，装置が覆ったマス目の色を，赤→青，青→黄，黄→赤と一斉に変換するものだ。このような装置を用いてどのような模様転換ができるかを考えるのも面白いかもしれない。例えば，2×2，3×3，5×5の装置だけを使って，6×6格子の模様を好きなように変化させることはできないが，読者はそのことを証明できるだろうか？

第64話の解答

最初に5×5の問題は，第63話と同じ技法を使って証明できる。まず中央が白い市松模様に転換できないことだが，そのような市松模様上に下の図のようにSマスパターンを貼り付けていくと，赤いSマスが5個になる。

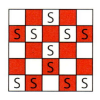

2×2と3×3の装置を使う限り，それをどこで何回使おうと赤いSマスが奇数個になることがないことは第63話で証明したとおりだから，この模様が生ずることはない。

次に中央が赤い市松模様だが，例えばSマスパターンを下図のように貼り付けると赤いSマスは6個である。

Sマスパターンの貼り付け方は他にもあるが，どのパターンをとっても赤いSマスは偶数個になる。それもそのはず，実は中央が赤の市松模様は，2×2と3×3の装置を使って，真っ白な格子模様から作ることができるのだ。

これを確認するには，第63話で見たように，斜め方向に並んだ3マスだけを反転できることに注意するのがよいようだ。右上がりの方向に，この3マス並び反転を4回行うと下図のパターンが作れることはわかるだろう。これに右下がりの主対角線に沿って3回の3マス変換を行うと中央が赤い市松模様になる。

次は，2×2と3×3に加えて5×5の装置があれば7×7は不要かという問題を考えよう。結論をいうと不要なのだが，7×7の装置がやることを他の3種の装置を組み合わせて真似るよりもっとずっと強い結果を導いてしまおう。それは，3種の装置を使えば，7×7格子上のどのマスであっても，その1マスだけの色を反転させることができるというものだ。

まず5×5格子の中央のマスだけの色反転ができることに注意しよう。これは簡単で，5×5の装置で全体を反転し，北東と南西の隅で3×3を1回ずつ，北西と南東の2×2を1回ずつ使えばよい。さてそうすると，ずらして考えることで7×7格子上の中央の9マス（次ページの上図の灰色のマス）は，どれも単独で色反転が可能なことがわかる。

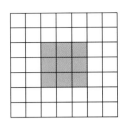

　また，第63話の解答で見たように，上下にも左右にも3の倍数だけ隔たった2マスは，その2マスだけを反転させられることがわかっている。ということは，中央の9マスのどれかから上下左右に3の倍数だけ隔たったマスも単独で色反転が可能なことになるが，それは7×7格子上のすべてのマスである。

　結局，49個のマスがどれも単独で反転できるのだから，全部を反転させることもでき，7×7の装置はスピードアップのため以外には不要ということになる。

　ついでに言えば，この1マスごとに反転できるというのは，7×6格子上のマスすべてについてもいえる。その証明は7×7の場合に比べいささか面倒になるが，その延長上にあるので考えていただきたい。また，7×6は，そういうことができる最小サイズで，例えば6×6や5×nの格子ではうまくいかない。なぜなら，それらの格子に下図のようにSマスを配置すれば，2×2，3×3，5×5の装置をどこにおいても，偶数個のSマスが覆われることからわかる。すなわちSマスのどれか1つだけを反転しようとしても，他のSマスが少なくとも1つは必ず一緒に反転してしまう。

　最後に3色を扱い順繰りに色替えを行う装置の場合だが，これも2色の場合のSマスと同様に，何らかの不変量を与える仕組みを考えるとよい。それには色より数値で考えたほうが扱いやすいかもしれない。例えば，3で割ったとき0・1・2余る数値を，それぞれ，赤・青・黄に対応させれば，問題の装置は覆ったマス

目の数値をそれぞれ1ずつ増加させるものと考えることができる。6×6格子の模様を自由に変化させられるということは，全部のマス目が0の格子から始めて，各マスの数値を3で割った余りのパターンを好きなように変更できるということである。そこで，例えば下図のような＋と－のパターンを考え，＋マスの数値の合計から－マスの合計を引いた数値を計算してみよう。最初は0ばかりなのだから，計算の結果は当然0である。

	＋	＋	－	－	
－		＋	－		＋
－	－			＋	＋
＋	＋			－	－
＋		－	＋		－
		－	－	＋	＋

　ここで覆った各マスを1ずつ増加させる装置を使うことを考えてみよう。ちょっと調べると2×2，3×3，5×5のどの装置をどこで使っても，その下に来る＋マスの数と－マスの数は同じか3違いだということがわかる。したがって，＋マスの数値の合計から－マスの合計を引いた数値は，変化しないか，3増えるか，3減るかのいずれかになる。つまり，その数値を3で割った余りは，これらの変換に対する不変量になり，3で割った余りが変化する＋マスや－マスがただ1つだけということはありえないことになる。

第65話 近所づきあいは御免だ

　アリスがイモムシ探偵局で雑談に花を咲かせていると珍客の訪問があった。トランプ城の雑用係兼まじない師のジョーカーだ。ボーナス支給事件（『パズルの国のアリス　美しくも難解な数学パズルの物語』第14話"公平な配分案"で独り占め）でのズルを暴かれてからは，イモムシ探偵局やアリスに良い印象を持っていないはずのジョーカーだが，サバサバとしていてそんなことを根に持って

いる様子はない。

「これは，これは，ジョーカー殿。お珍しいことで」とイモムシがお愛想を言うと，ジョーカーはそちらにはちょっと目で挨拶しただけで，探偵助手のグリフォンにもっぱら話しかける。「例のボーナス事件では，だいぶ儲けさせてもらった。あんたたちのおかげでそう長続きはしなかったがね。それで貯めた小金があるので，別荘地を買おうと思うのだが，そのことで相談に乗ってほしいんだ」。

アリスとグリフォンは，また悪巧みかと警戒したが，そういうことではないらしい。ジョーカーが不動産屋に打診したところ，お気に入りの別荘村に出物があった。村全体を周遊する全長20kmの道路があり，その周遊路に面した好きな土地が手に入るという。

ただ問題が1つある。周遊路に面して，クラブ，ダイヤ，ハート，スペードの各王室が1つずつ既に別荘を保有していることだ。ただでさえ職場でうっとうしいと思っている連中と休暇中に顔を合わせるのはなるべく避けたい。周遊路は全長20kmなのだから，どの地点であろうとそこから道路に沿って10km以上離れた土地を選ぶことは不可能だが，せめて半分の5kmは離れた場所にしたい。そこで，4つの王室の別荘のどこからも5km以上離れた場所があるかどうかを確認してから決めたいと思い，不動産屋に「地図を見せろ」と言ったところ，「それは個人情報だからできない」と言う。もちろん購入すると決めれば，土地を選ぶのに必要だから見せてもらえるのだが……。

それで，ジョーカーが相談に来たのは，4つの王室の別荘が周遊路上にランダムに配置されていたとして，自分が望むような地点，つまりどの別荘からも道路沿いに5km以上離れている場所があるかどうかである。4つの別荘がかたまって建っていればそんな場所は簡単に見つかるであろうが，別荘の位置がランダムな場合に見つかる確率はどのくらいであろうか？

また，もしジョーカーの要求がもっと過大でどの別荘とも6km離れた場所がほしいというのであれば，その要求が満たされる可能性はどのくらいだろうか？

さらに，周長が20kmの球形の衛星全体が別荘村であった場合はどうだろうか？ つまりその衛星の4カ所に別荘がランダムに建っているとき，そのどこからも（大円に沿って測った）距離で5km以上離れた地点が存在する確率はどのくらいだろうか？

第65話の解答

　まず問題の出典について述べよう。第58話で『確率のエッセンス』という本からパズルの題材をとって紹介したが，その著者の岩沢宏和氏がかつて「数学セミナー」に連載していた記事をまとめて，『確率パズルの迷宮』（日本評論社，2014年）を出版された。その名の通り，この本はしばしば直感を裏切る確率というしろものを題材としたパズルのオンパレードであり，まさに「快刀乱麻を断つ」という表現がふさわしいくらいに，正攻法で解くと面倒な計算を要する問題をエレガントな手法で切りまくる名著なので，本の紹介を兼ねてここから題材をいただいた。

　最初の問題は，比較的よく知られた問題をアレンジしたものである。類似のものとしては，「円周上にランダムな3点を選んだ時，それが鋭角三角形になる確率」とか，「1本の棒をランダムに3分割して，それで三角形を作れる確率」というような問題がある。ちょっと意外に思うかもしれないが，あとで述べるようにその答えは1/4である。

　上の問題のパラメーターの3を4に変え，条件を逆にしたのが最初の問題で，「円周上にランダムな4点を選んだ時，どこかに直径を引いてその4点が同じ半円の上に来るようにできる確率」とか「1本の棒をランダムに4分割して，四角形が作れない確率」と言ってもよい。これらが本質的に同じ問題であることは，考えれば納得していただけると思う。

　さて，ハートの別荘から出発して周遊路を反時計回りに進むことを考えよう。もし，10km進んでも，すなわち半周しても，トランプ王室の他の別荘に出会わなかったら（この事象をHと呼ぶことにする），そのコースの真ん中に地所を購入すれば，明らかにジョーカーは別荘をどの王室からも5km以上離すことができる。Hが起こる確率はどのくらいだろうか。これは，スペード，クラブ，ダイヤの各王室の別荘がすべて，ハートの別荘からは反時計回りより時計回りのほうが近い位置に建っていたということであるが，各王室の位置はランダムなのだから，その可能性は $(1/2)^3 = 1/8$ である。同様にスペード，クラブ，ダイヤの各王室の別荘から出発した場合も，反時計回りに回って半周するまでに他の別荘に出会わない（これらの事象をそれぞれS, C, Dと呼ぶ）確率は，どれも1/8で

ある。逆にどの王室の別荘から出発しても，半周する前に他の別荘に出会うようであれば，ジョーカーの望みの地所がないということは明らかだろう。

ここで，事象HとSが同時に起こることがあるかを考えてみよう。これは，ハートの別荘からスタートしてもスペードの別荘からスタートしても，半周する間にほかの別荘に出会うことがないということだが，2つのコースを合わせて1周分を回ってしまっているのだから，そんなことはありえない。つまり，事象HとSは排反ということになる。事象CとDについても同様だから，この4つの事象はすべて排反であり，そのいずれかが起こる確率は，それぞれの確率の和になる。したがって，ジョーカーの希望が満たされる確率は$1/8 \times 4 = 1/2$である。

別荘の数を一般のnに拡張しても，この考え方はそのまま使えるので，その場合，ジョーカーの望みがかなう確率は$n/2^{n-1}$である。先の「1本の棒をランダムに3分割して，それで三角形を作れる確率」という場合，$n = 3$で，ジョーカーの望みがかなわないほうに該当するので$1 - 3/2^2 = 1/4$という確率になるのだ。

実は，第2の問題も同様に考えれば解ける。どこの別荘からも6km以上離れたいというのは，例えば，ハートの別荘からスタートし反時計回りに12km進むまでに他の別荘に出会わなければ達成される。その確率は，$(20 - 12)/20 = 2/5$の3乗，すなわち$8/125$である。スペード，クラブ，ダイヤのどの別荘からスタートした場合でも同様であり，これらの事象はやはり排反だから，このやや過大な要求が満たされる可能性は$8/125 \times 4 = 32/125$となる。離れたいという要求が5kmより小さくなっても同じような論法は機能するが，先の事象が排反でなくなるので，計算式は複雑になる。結果だけを記すなら，4km以上離れられる可能性は，別荘が3つの場合は24/25，別荘が4つの場合は102/125になる。この種の計算が得意な読者は確認されるとよい。

ここまででも十分エレガントではあるが，この解法は知っていた読者もおられるだろう。しかし，最後の球面の場合の解答は，少なくとも筆者は岩沢氏の本で（より正確を期すなら，岩沢氏が「数学セミナー」に書いた記事で）初めて知ったもので，実に見事な手法に感動すら覚えたので，いつかパズルの国のアリスの題材に使わせてもらおうと考えていたものだ。

いきなり別荘の数をn個にして一般の場合を考えてしまおう。まず，元の問題からはちょっと逸脱するようだが，球面に大円をn個ランダムに描いた場合，そ

れらによって仕切られる領域がいくつあるかを考えよう。その数を $p(n)$ とすると大円3つまでは簡単に頭の中に思い描くことができる。すなわち $p(1)=2$, $p(2)=4$, $p(3)=8$ である。しかしながら、領域数はこのまま倍々となっていくのではない。1つの大円は別の大円と必ず2点で交わる。3つ以上の大円が1点で交わる確率は0だと考えてよいから、既に n 個の大円があるときに、新しく加えた大円が元からある大円と交差する交点の数は $2n$ だ。これらの交点は新しく加えた大円を $2n$ の部分に分割し、その $2n$ 個の円弧が（n 個の大円が球面に作っていた）$p(n)$ 個の領域をさらに細分する。したがって $p(n+1)=p(n)+2n$ であり、この漸化式を解くと $p(n)=n^2-n+2$ となる。

さて、元の問題に戻って、不動産屋が次の情報をくれたら、ジョーカーにとって状況が改善されるか考えてみよう。不動産屋は、n 個の各別荘の位置とその球面上正反対の位置〔対蹠点（たいせきてん）〕を対 (a,b) として教えてくれるが、各別荘が a, b のどちらにあるかは教えてくれないとする。実はこの情報はジョーカーの役に立たない。実際、球面上の任意の点を選んだとき、その点がどの別荘からも5km以上離れている確率は $1/2^n$ である。なぜなら、球面上のどの点も、ある対蹠点対 a, b との距離は、一方が5km以上なら他方は5km以下であり、そのどちらに別荘があるかわからない以上、5km以内にその別荘がある確率はどれについても $1/2$ だからだ。

今、n 組の対蹠点対 (a_1,b_1), ……, (a_n,b_n) が与えられているとする。球面上の1点 x に対して、対蹠点のうち遠いほうを選び出して並べたものを $R(x)$ とする。例えば $R(x)=a_1b_2a_3\cdots a_n$ ならば、x には a_1 のほうが b_1 より遠く、b_2 のほうが a_2 より遠く、……、a_n のほうが b_n より遠いという具合だ。もし、各別荘が $R(x)$ の示す位置に建っていれば、地所 x を購入することでジョーカーの望みは達せられる。逆にどの $R(x)$ にも一致しないパターンで別荘が建っている場合、そのどれからも5km以上離れている地点は存在しない。

x が変われば $R(x)$ も変化するが、そのバラエティはどのくらいあるだろうか？実はこれが、先に計算した $p(n)$ である。対蹠点対 (a,b) を両極として赤道を描けば、それはもちろん大円をなし、球面の点は、その大円のどちら側にあるかで a と b のどちらに近いかが決定する。つまり対蹠点が n 対あればそれを両極とする赤道（大円）が n 個決まり、それらが仕切る領域のどこに x が属するかで

$R(x)$ が定まる。よって $R(x)$ のパターンは，各対蹠点対の位置にかかわらず，全部で $p(n)$ 通りある。一方，実際の別荘の位置のパターンは明らかに 2^n 通りあり，これらが起こる確率は均等だから，ジョーカーの希望通りの地所が存在する確率は $p(n)/2^n$ である。

　今の議論は，与えられた対蹠点対の数 n にのみ依存し，その位置にはまったく無関係である。したがって，対蹠点対の位置がまったくわからなくとも同じことで，$n=4$ の場合，球面でジョーカーの望みがかなう可能性は $p(4)/2^4 = 14/16 = 7/8$ だといえる。

第66話 距離を測る塗料

　鏡の国の白騎士が,珍しくも大工を訪問し,相談している。どうやらまた奇妙なものを発明したらしく,その発明品の用途を考えているようだ。

　その発明品とは,一見ただの細長い棒である。黒地の一部が黄色に塗られているので踏み切りなどに見られる遮断機用ポールを小さくしたかのように見えなくもない。ところが白騎士によると,その黄色の塗料こそ,その発明の核心であり,別の仕掛けを施した針でその塗布面の2カ所に触れると,針が触れた点の間の距離がディスプレイに表示されるという。

　「で,そんなもので,何ができるというのかね？」とそばにいたセイウチが聞く。

　「フーム,大工仕事もそうじゃが,普通,工作ということをする場合には,材料の長さを精確に測ることが重要じゃろう。わしのこの仕組みは,精度をいくら

でも上げることができるのだ。そこでだ，これを使って工作に使える精度の高い物差しを作れるのではないかと思っての……」

「確かに良いアイディアかもしれん」と大工。「では，試作品を作ってくれんか？使ってみようじゃないか。さしあたり1mくらいまでを測れれば十分だ」。

「うん，それで相談なのだが，実は，この特殊な塗料を塗りつけるのが一番面倒で高くつく。1mにわたってべったり塗るとなると，とてもコスト高になり，手間もかかる。たぶん，0mから1mまでのどんな距離でも測れるようにするだけなら，べったりと塗っていなくとも何とかなると思うのだが，どうしたものかと思ってのう」

大工とセイウチと白騎士で考え始めたところ，この問題は意外に簡単で，0mから1mまでのどんな距離をも測れるようにする場合でも，（少なくとも理論的には）塗布箇所の合計長は好きなだけ減らせることがわかった。

さて，読者の皆さんには，この塗布箇所をうまく設計して，その長さを減らす方法について考えていただきたい。ただし，距離の計測は1回で済むことが条件であり，何回かに分けて計測し，その結果を足したり引いたりすることは反則である。

このままではかえってわかりにくいかもしれないので，多少の専門用語を交えて説明するなら，騎士の問題は，数学的には次のように定式化される。今，塗料が塗られている部分Sを閉区間$[0, 1]$の部分集合とする。すると，1回で計測可能な距離の集合$D(S)$はSの要素同士の差が作る集合$\{|b-a| \mid a, b \in S\}$に等しい。もちろん$D(S) \subset [0, 1]$であるが，$D(S) = [0, 1]$という性質を保ったまま，集合$S$の測度をなるべく小さくしたいというのが問題だ。測度というのは，簡単に言ってしまえば長さのことだが，Sはとぎれとぎれになっていることもあるから，無限個の区間に分割されている場合にも定義できるように，長さの概念を拡張したものといえよう。

一般に塗布箇所Sはとぎれとぎれのk個の部分からなると考えられるが，次の問題として，0mから1mまでのどんな距離をも測れる場合，そのk個の部分の長さの合計を$1/k$ mより小さくすることはできないということを証明していただきたい。

第66話の解答

　最初の問題に対するシステマティックな手法としては，次のやり方がわかりやすいかもしれない。1mの長さにわたって塗料をベッタリと塗れば，0mから1mまでのどんな長さでも測れることは明らかだが，それをやめて真ん中1/3の部分は塗らないでおく。すると，1/3m以下の長さは，計測棒の両端にあるどちらの塗布箇所でも測ることができる。また，1/3mから1mまでの長さは，計測対象の一端を2カ所に分かれた塗布箇所の一方に当て，他端をもう一方の塗布箇所に当てるようにして計測棒を置き，その当たっている2カ所を針で触れれば計測することができる。

　次は，さらにその計測棒の両端にある塗布箇所から，それぞれの真ん中1/3の部分を除くことにしよう。すると結局，計測棒の塗布箇所は下図のように4カ所になり，左から0〜1/9，2/9〜3/9，6/9〜7/9，8/9〜1mのところに黄色い塗料が塗られることになる。それぞれの塗布箇所を左からA，B，C，Dと名づける。0〜1/9mの長さを測るときはA内の2点だけで，1/9〜3/9mはAとBの1点ずつ，3/9〜5/9mはBとC，5/9〜7/9mはAとC，7/9〜1mはAとDの点を使えば測ることができる。

　計測法は省略するが，さらにA，B，C，Dの各部分から真ん中の1/3を除いても大丈夫だ。実は，この構成はどこまでも続けられ，残った各部分からそれぞれの1/3を除いていくということを何回繰り返しても，0〜1mのどんな長さでも1回で計測できるという性質は残ったままである。塗布箇所全体の長さがn回目では$(2/3)^n$になることは容易にわかるから，理論的には塗布箇所の長さをいくらでも小さくすることができる。

　閉区間［0，1］から真ん中1/3（開区間）を抜き，残った区間のそれぞれから

また1/3を抜き，……ということを無限回繰り返してできる集合Tは，カントールの3進集合（または3分集合）などと呼ばれる。フラクタル理論などでしばしば言及されるもので，その測度は0である，つまり長さは0と考えることができる。Tの要素は，$0.d_1d_2d_3\cdots$と3進表記したときにd_i ($i=1, 2, \cdots$) として数字1を使わずに0と2だけを用いて書ける実数からなり，そのことから$D(T) = [0, 1]$となることを示すことができる。したがって，上のように1/3の区間を抜いていく途中で生ずる集合Sは，どれも3進集合Tを部分集合として含み，常に$D(S) = [0, 1]$が成り立つ。だから，白騎士の計測棒は，工作上の限界がなければ，塗料を塗った部分を好きなだけ減らすことができる。

　上のやり方では，最初に真ん中1/3の区間を抜くと塗布箇所は0〜1/3, 2/3〜1の2カ所に分かれるが，その長さの合計は2/3mで1/2m以上になる。次に，残った部分それぞれからその1/3を抜くと，全体では4カ所に分かれるが，その長さの合計は4/9mで1/4m以上である。次の問題は，これを一般化して，Sがk個の連続した区間に分かれていて$D(S) = [0, 1]$が成り立つ場合に，Sの各区間を合計した長さが$1/k$以上になることを証明することだ。

　一般にSがk個の閉区間S_1, S_2, $\cdots$, S_kに分かれているとして，各S_iの長さをs_iとおき，$s = s_1 + s_2 + \cdots + s_k$としよう。異なる区間$S_i$と$S_j$とから1つずつ選んだ2点の間の距離の全体$D_{ij} = \{|b-a| | a \in S_i, b \in S_j\}$は閉区間で，明らかにその長さは$s_i + s_j$である。$i$と$j$の対を全部考えて$D_{ij}$の長さの総和$\sum_{i<j}(s_i + s_j)$をとると，（各$s_i$は$k-1$回現れるから）$(k-1)s$である。同じ区間$S_i$から2つの点を選んでその差として計測できる距離の全体D_{ii}の長さはもちろんs_iだから，結局$D(S)$の測度は，高々ksとなり，$ks \geqq 1$より$s \geqq 1/k$が得られる。

　この議論は，相当にきつい条件設定になっており，$s = 1/k$を現実に達成するには，どの2つのD_{ij}もその共通部分が高々1点でなければならないことが明らかだ。特にD_{11}からD_{kk}までのどの2つも共通部分が1点であるためには，1つを除いて各塗布区間S_iがすべて1点集合であることが必要だ。例えば$S_1 = [0, 1/k]$, $S_2 = \{2/k\}$, $\cdots$, $S_k = \{k/k\}$とすれば，$D_{1i} = [(i-1)/k, i/k]$となり，理論的には確かに$D(S) = [0, 1]$かつ$s = 1/k$が達成されるが，長さが0という塗布区間を作るのは現実には不可能かもしれない。しかし，少なくともそれにいくらでも近づけることはできよう。

第67話 不思議の国のビリヤード

　公爵夫人のところにハートの女王からビリヤードの試合への招待状が来た。アリスは比較的に女王受けが良いようなので，公爵夫人に頼まれて同行することになった。行ってみると，王宮には専用のビリヤード室があって，さすがに立派なものであるが，例によって，ボールはハリネズミだしキューはフラミンゴだ。1から15の番号をつけたハリネズミが，台の中央に固まっている。
　「そちはビリヤードができるのか？」という女王の問いに，「あたしの国でもやっているのを見たことがあります」と答えると，「フム，ひとつ突いてみよ」という仰せだ。こうなると遠慮はかえってまずいので，アリスは「はい，では御

意のままに」と答え，フラミンゴを小脇に不器用に抱え，目の前にあった番号のない手球ハリネズミに向けて「エイッ」とばかりに突き出すと見事な空振りである。

ところが，手球ハリネズミは，そのタイミングに合わせて勢いよく走り出し，中央の固まりにぶつかった。すると，15匹のハリネズミは，それぞれ弾かれたかのようにバラバラの方向に走り出し，互いにぶつかり合ったり，台のクッションに当たって跳ね返ったりしているうちに，3番のハリネズミが隅のポケットに走っていき，見事にそこに収まった。「おう，ナイスショット」と一同。「何だ，こんなことなら簡単だわ」と思ったアリス，女王の許可を得て，次のショットだ。再び手球ハリネズミに向けて，フラミンゴを突き出すと，今度はかろうじてフラミンゴの頭が手球に当たり，弾けるようにとんでいった手球は，何回かクッションやほかのハリネズミにぶつかったあとで7番をポケットに落とした。「してやったり」とアリスが女王を見ると，「ま，そんなところじゃな」と女王。「では，わらわの番じゃ」。

訳がわからなくなったアリスが公爵夫人にあとでルールを聞くと，一番最初にポケットするハリネズミは何番でもよいが，その後にポケットする番号は既にポケットした番号のどれかと1番違いでなくてはならないということであった。だから，3番を落とした後，落とすハリネズミは，2番か4番でなくてはならなかったのだ。

結局，その後は女王が連続で次々にハリネズミをポケットしていき，最後のハリネズミまでも落として簡単に勝利をものにしてしまったが，このあたりで問題である。

まずウォーミングアップとして，アリスに3番を落とされたあと，この連続ショットによる勝利を得るために，女王がハリネズミをポケットしていく順番は何通りあるかを考えていただきたい。次に，女王がブレイクショット（最初の一突き）をするとして，相手に1回もショットのチャンスを与えずに勝利する場合のハリネズミの落とし順は何通りあるだろうか？

寛大なところを見せようとして，女王は，「10匹目のハリネズミをアリスがポケットしたらアリスの勝ちにする」というルール変更を提案したが，最後の問題として，この場合にブレイクショットを得たアリスが相手に1回もショットチャンスを与えずに勝つには何通りの落とし順があるか考えてほしい。

第67話の解答

　最初の問題は，最初に落とされた3番を境に，ハリネズミを番号の小さい1〜2番の下位グループと，4〜15番の上位グループに分けると考えを整理しやすい。少し考えればわかるように，この下位グループと上位グループそれぞれの中ではポケットに落とされる順番が定まっている。例えば，2番より先に1番が落とされることはありえない。というのは，2番が落ちていない限り，既に落ちている番号と1番が1違いになることなどありえないからだ。同様に4〜15番の中ではポケットに落ちる順は4が最初で15が最後になる。したがって，2番目に落ちるハリネズミから15番目に落ちるハリネズミまでそれらが上位・下位のどちらに属するかだけで番号順は定まる。同じグループのハリネズミを区別せずに，下位グループ2匹と上位グループ12匹，計14匹を並べる順は明らかに

$$_{14}C_2 = \frac{14 \times 13}{2 \times 1} = 91$$

通りある。

　次の問題は明らかに，最初に落ちたハリネズミが何番であるかというバリエーションが加わる。例えば最初に落ちたのが1番であれば，あとは2番から順に15番まで落ちるしかないし，反対に15番が最初ならあとは14番から順に下がっていくしかないが，最初に落ちたのが2〜14番だと落ちていく順はもっと多様になる。しかし，最初に落ちた番号をiとすれば，上で見たようにグループを2つに分けて考えることにより，ポケットしていく順には$_{14}C_{i-1}$通りの可能性があることが簡単にわかる。iには1から15までの可能性があるから，それぞれを足して

$$_{14}C_0 + {_{14}C_1} + \cdots + {_{14}C_{14}}$$

通りが第2の問題の答えだ。高校の数学IIで習う二項定理によればこの値が2^{14} = 16384になることを知っている読者も多かろうと思う。

　実は，上の考え方を経ずにこの答えにたどり着くことができる。それは最初に落ちた番号で分類するのではなく，逆に最後に落ちた番号から考えることだ。ポ

ケットされる番号がその時点で既にポケットされている番号のどれかと1違いでなければならないということは，最初は1つの番号から始めるのだから，いつの時点でもポケット済みの番号が1つながりになっていることを意味する。とすると最後に落ちたのは1か15だとわかる。そうでないと，最後から1つ前の段階では，ポケット済みの番号が1つながりではなくなるからだ。それをビリヤード台に戻して考えると，14番目に落ちたハリネズミは，同様にそのとき台の上にない番号のうち，最小か最大のものだとわかる。以下，ハリネズミを台に戻しながら逆に進めていくと，各時点で台に戻すべきハリネズミの番号はいつも，台の上にない番号のうちの最大か最小のどちらかだから2通りである。例外は最後に戻すべきハリネズミ（すなわち最初にポケットしたハリネズミ）で，これはただ1匹だから1つに定まる。こうして，逆順にたどると2肢選択が14回起こることになり，全部で2^{14}通りの場合があることになる。ついでながら，一般のn匹の場合に，最初の式の立て方とこの論法とを対照することで，二項定理の証明も得られる。

　最後の問題も，第1ショットで落ちたハリネズミの番号によって分類して，解けないこともないだろう。最初に落ちたのが1番であれば，あとは2番から順に10番まで落ちるしかないし，15番が最初なら，あとは14番から順に下がっていくしかないのは同じだ。しかし，2〜14番が最初だと，落ちた残り9匹に上位・下位グループがそれぞれ何匹入っているかでさらに分類する必要がありそうだ。

　この面倒を避けるには，逆順に考えるのが，非常に有効である。10匹がポケットされた最終段階で，その10匹がどういう顔ぶれになっているか考えてみよう。それは，連続した番号を持つ10匹だから，1番から10番までかもしれないし，6番から15番までかもしれないが，この可能性は6通りである。あとは，さっきの論法と同じである。この10匹のうち，最後に落ちた可能性があるのは最小か最大の番号を持つハリネズミで2通りある。以下，逆方向に論理を進めていくと，最初に落ちたハリネズミを除き，9番目から2番目までどこでも2通りの可能性がある。したがって，最初から連続ショットで10匹を落とす順番には，$6 \times 2^9 = 3072$通りの可能性があることがわかる。一般にハリネズミの数がn匹の場合，k匹を連続でポケットする順は，$(n+1-k)2^{k-1}$通りある。

第68話 ビルとエースの
賢者ダブルス戦

　イモムシ探偵局主催の推理コンテスト（第61話，第62話）が面白かったと好評だったので，「不思議の国 vs. 鏡の国　何でもオリンピック」でもクイズ形式の競技を入れようという話になった。個人戦，チーム戦のどちらも楽しそうだが，今回はお試しということで，とりあえず混合ダブルス戦から始めようということだ。

　ところが，競技委員会によると，選手ペアの決め方が一風変わっている。混合といっても男女というわけではなく，ペアの一方はその国が期待を込めて決める

が，もう一方は相手国が指名するというルールだ。つまり，賢者－愚者の混合というつもりらしい。

不思議の国では，ペアの一方にグリフォンを推す声もあったが，事実上推理コンテストを取り仕切った手前，競技を運営する側に回りたいということで辞退したので，スペードのエースにお鉢が回った。イモムシは自分が選ばれないのが不満そうだったが，グリフォンの辞退理由を聞いて，仕方がないと納得したらしかった。

もう一方は，鏡の国の指名で，これも何人か候補があったようだが，結局，ヤマネと1票差でトカゲのビルが選ばれた。ビルは選出されてなんだか嬉しそうだ。

さて競技であるが，これはお試しということもあり，次のような簡単なやり方である。運営側はイエスかノーで答えられる問題を100題用意し，まとめて開示する。選手たちはそれに答えて順次○×のプレートを挙げていく。各問題につき2人とも正答すれば，得点1になる。もちろん2人はバラバラに解答し，相談したり相手の解答を参考にすることは許されない。

サンプル問題が提供されたので，エースとビルとにやらせてみると，エースは期待通り全問正答だが，ビルのほうも（鏡の国の）期待通りで，ほとんどデタラメに答えているに等しく，ほぼ半分の正答率だ。このままでは，50点程度の得点しか期待できないが，スペードのエースをはじめとした不思議の国の知恵者たちが集まり，相談したところ，うまい戦略的アイデアが見つかり，実際の競技では，エースとビルのペアはなんと70点近くの得点をしたという。

読者には，この戦略を考えていただきたい。競技のルールおよび進行方法を整理すると次の通りである。

- 問題は，イエス・ノー問題が100問で，全問まとめて一度に与えられる。
- 解答者は1番から順次答えていき，そのたびに2人の解答，正解，累計得点が（解答者を含めた）競技場全体に伝えられる。
- どの問題も，2人とも正答すれば得点1で，それ以外は得点0である。
- 解答者は問題を見てからあとは，他人との情報交換が一切禁じられる。

また，前提として，エースは正解を全問知っており，反対にビルは1問たりとも正解を知らないと仮定する。もちろん上の得点は偶然ではない。実は，運が悪い場合でも，エースとビルのペアには60点以上が保証されているのだ。

ウォーミングアップ問題あるいはヒントとして，エースとビルでなく，ヤマネとビルのペア（2人とも正解をまったく知らない）の場合でも，戦略をうまく立てれば50点くらいの得点が期待できることを付言しておこう。

第68話の解答

　ウォーミングアップまたはヒント問題の答えは簡単にわかったことだろう。2人がまったくデタラメに答えると，2人とも正答する確率は $1/2 \times 1/2 = 1/4$ になってしまうが，それを避けるには，どういうやり方でもよいが，2人の解答が一致するようにしておくのだ。極端なやり方をするなら，2人ともいつも○と答えればよい。正解の半分くらいが○だと期待できるので，2人ともデタラメに答えるよりははるかにましである。逆に2人がいつも反対の答えをするようだと，得点は0になる。

　さて考えるべきは，1人が正解を全問知っているときに2人の解答をどう調整すれば得点が挙げられるかである。ポイントは，問題は全問まとめて一度に与えられるのに，解答は1問ごとに採点され，そのつど各人の解答と正解が伝えられることにある。つまり，通常の意味での情報交換は禁じられていても，互いの解答を用いて通信が可能になっているところがこのパズルのポイントなのだ。

　詳細に分析して巧妙な手段を構築すれば，さらに得点率を上げることもできようが，簡単に実行できる手法で，得点率がおおむね2/3以上になるやり方を述べよう。まず，ビルが実行するアルゴリズムである。

　（1）最初の1問は捨てる。つまり○でも×でもデタラメに答えてよい。

　（2）次の3問（第2〜4問）は，第1問に対してエースが答えたのと同じ答えをする。つまり第1問に対するエースの答えが○なら3回続けて○，×なら3回続けて×と答える。

　（3）以降は，問題を3つ毎に区切り次の戦略に従う。前の3問に対する自分の解答の中に不正解があったら，そのときにエースの答えたのと同じ答えを次の3問についてはする。前の3問に対する自分の解答が全部正解だったら，最後の問題へのエースの答えを次の3問についてはする。

　このアルゴリズムにより，ビルの答えは，最初の1問を除いて完全にエースの

コントロール下におかれることがわかるだろう。ではエースはどうすればよいか？

問題はすべて明かされているから，全問の正解を知っているエースには正解の○×列がどうなるかが前もってわかる。そこで，最初の1問を除いて，問題を順に3つずつ分割し，次のように答えるのだ。

（1）最初の1問では，次の3問（第2～4問）の正解に多く含まれているほうを答える。つまり○が2つ以上なら○，×が2つ以上なら×と答える。

（2）以降は，ビルがどう答えるかがエースには完全にわかる。しかも3つ毎に区切られた問題のうち少なくとも2つにビルは正答し，誤答するとしても1つだけである。また，誤答するとすればそれがどの問題かも前もってわかる。そこでビルが誤答する場合には，その問題のときの答えとしてエースは次の3題の正解に多く含まれているほうを答える。もちろんビルが正答するときは，エースも正解を答える。もしビルが3問とも正答するようであれば，エースは最初の2問には正しく答え，最後の1問でビルに対して指示を出せばよい。

参考のため，最初の22題に対して，2人がどう答えるかの例を下図に示す。

正解	○−××○−×××−○×○−×○○−○○○−○×○−×××
ビルの解答	○−×××−×××−○○○−○○○−○○○−○○○−×××
エースの解答	×−×××−××○−○○○−○○○−○○○−○×○−××

最初が正解列で次の2つの列はビルとエースの解答である。エースの解答の○と×は，もちろん見かけ上は○と×のプレートを挙げるのだが，実はそれは解答というより，次の3問に対するビルへの解答指示であることがミソだ。第22問へのエースの答えは，第23～25問への正解列がないと決まらないので空けてある。この例から，最初の1問を除いて，3問ずつに区切られた問題のうち，少なくとも2問には2人とも正答できることを納得していただけるだろうか。

第69話 懸賞付き座席番号

　不思議の国と鏡の国との合同演芸会は，自分や身近な人がそれぞれの特技で腕を振るうから，とても人気があり，定員1000人の会場はいつも満席に近い。

　ある年，出演した人が賞品をもらっているのを見て，あべこべが大好きな赤白のチェスの女王たちが，客席の観客たちにも何か景品があるべきだと言い出した。その景品は，当然アリスか観客自身かトランプ王室から出るべきと考えているようだったが，自分たちが言い出した手前，そう虫の良い話が通るはずもなく，結局，トランプ王室とチェス王室から1つずつ出すことになった。

　問題は，2つしかない景品を誰に渡すかだ。あまり作為的になってもいけないので座席番号だけで決めようということになったが，偶然が結構作用して，しか

もすぐには当選者がわかりにくい方法はないかとグリフォンに相談したところ，2人を同時に決められる次のような案が出てきた。ある2人の座席番号を a, b ($a<b$) としよう。その和 $a+b$ と差 $b-a$ という番号の座席のどちらもが空き座席だったときに，a と b に座っていた者を当選資格者にしようという案だ。例えば，座席1番と3番が空席でなかったとして，4（=1+3）番と2（=3-1）番が空席であれば，1番と3番に座っていたものは当選資格を持つというわけだ。座席1番と2番のように差が 2-1=1 となり自身の座席番号になるようならば，それは空席として扱い，和 1+2=3 だけが空席であればよい。また座席500番と800番のように和が1000番を超えてしまう場合もその座席は空席として扱い，差 800-500=300 だけが空席であればよい。当然，有資格者のペアが複数組あることもあろうが，会場はかなりギッシリ詰まっており，自分が有資格者であるかどうかの判定は簡単ではないから，最初にそのことに気づいて手を挙げた者とそのペアに景品を渡そうというのだ。

「え，でも，当選資格者がいればそれでいいでしょうけど」と，それを聞いたアリス。「もし誰もいなかったら，せっかくの景品が無駄になってしまうわ」。

すると，グリフォンはニヤリとして，「大丈夫。自分が有資格であることに気づかないボンクラがいたらしょうがないけど，有資格者がまったくいないということはないさ」。

一体，このグリフォンの自信にはどういう根拠があるのだろうか。読者にはまずそれを考えていただきたい。

さて，実はこの年の演芸会には，例のマハラジャ出身ではないかと噂されるお大尽が招待されて来ており，来賓席からこの景品授受を見ていて，自分も是非とも景品を出したいと言い出した。その景品とは，こともあろうに巨大な金塊で，しかもそれを分割してなるべく大勢に配りたいと言う。といっても，客席全体に均等に配るのは，あまりに芸がなさすぎるので，これもグリフォンに相談したところ，次のような案が出てきた。先と同様に2人の座席番号を a と b とする。このとき $a+b$ が1000を超え，かつ a と b が互いに素（a と b の最大公約数が1）のとき，この2人に金塊全体の $1/ab$ ずつを与えようというものだ。もちろん，このような番号ペアはたくさんあるので，そのようなペアのことごとくに対してこの金塊分配を行う。

「うーむ。2人の番号の和は1000より大きいということが条件か。なるほど。すると1ペア当たりの配分量は少なくなり大勢に配れるのう。それにしても，そういうペアがたくさんいた場合，資金不足になるということはないかの。それでもわしはかまわんのだが，いかんせん今は持ち合わせておらん。それにあんまり余ってしまってもつまらんし……」

これに対してグリフォンは「資金不足になることは絶対にありませんね」と太鼓判を押し，「余ることはあるかもしれませんが」と座席を見回し「これだけ客席が埋まっているようなら，その量は大したことはないですね」とえらく自信ありげだ。

読者への次の問題は，この「資金不足にはならない」というグリフォンの言葉の根拠を考えていただくことと，1000座席のうちn座席が埋まっていた場合に，観客に配られる金塊の総量がどのくらいになるか，その期待値を見積もっていただくことだ。

第69話の解答

最初の問題であるが，有資格ペアが1組もないとしたらふさがっている席の状況がどうなっているか考えてみよう。ふさがっている席の番号を小さい順に並べて$a_1 < a_2 < \cdots < a_{n-1} < a_n$としよう。$n$はふさがっている客席の総数である。有資格ペアは1組もないのだから，ふさがっている座席の最大の番号a_nも有資格ではなく，$a_n + a_1$番の席は空席だから，$a_n - a_1$が空席であるはずはない。これは，$a_2, \cdots, a_{n-1}$についてもいえるので，$a_n - a_1, a_n - a_2, \cdots, a_n - a_{n-1}$はいずれも空席でなく，しかも明らかに大きい順に並んでいる。空いていない席はこれらとa_nとですべてだから，順に対応させていくことで，すべての$i = 1, 2, \cdots, n-1$について$a_n - a_i = a_{n-i}$であることがわかる。ところでnが偶数$2k$だとすると，$i = k$に対して$a_n - a_k = a_k$となり，座席番号$a_n = a_{2k}$とa_kは有資格番号のペアとなるから矛盾である。したがって，nは奇数であり，a_iとa_{n-i}とが対になって和a_nを作る。

さて次のa_{n-1}も有資格番号ではないわけで，$a_{n-1} + a_2$は空でない最大の座席番号a_nを超えているので空席だから，差$a_{n-1} - a_2$が空席であるはずがない。同

様に $a_{n-1}-a_3$, …, $a_{n-1}-a_{n-2}$ も空席ではありえない。これらは全部で $n-3$ 席あり，その中の最大の番号 $a_{n-1}-a_2$ は $a_{n-2}=a_n-a_2$ より小さいから，a_1, a_2, …, a_{n-3} までに順次対応せざるを得ない。よって $a_{n-1}-a_i=a_{n-1-i}$ ($i=2$, …, $n-2$) である。ここで n が奇数 $2k+1$ だったことを思い出すと，$i=k$ のとき $a_{n-1}-a_k=a_k$ となるので，$a_{n-1}=a_{2k}$ と a_k とが有資格番号ペアになり，矛盾する。

以上の証明が機能するには，実は n が 4 以上であることが必要である。例えば観客が 3 人だけで，その 3 人の座席番号が，a, b, $a+b$ だった場合，有資格ペアがなくなるが，グリフォンも 1000 席もある会場に観客が 3 人しかいないことは心配しなかったのだろう。

次は，マハラジャが提供してくれた金塊の分配問題だ。資金不足にならないかという点については，分配する金の総量が最大になる場合を考えればよい。それは明らかに会場が満席の場合である。なぜなら，空席があっても，それは分配量を減らす結果にしかつながらないからだ。

では，満席の場合，権利のある全ペアが 1 組の例外もなく分け前を受け取りに来たら，いったいその総量はどのくらいになるのか。実は，ちょっと驚くべきことに，その量はちょうど原資となる金塊量と同じになるのだ。

これは，座席数がちょうど 1000 であり，座席番号の和が 1000 を超えたペアのみが分け前を受け取れるという点に鍵がある。もっと一般に言うと，座席数が n のとき，座席番号の a と b のペアに対して，a と b が互いに素であり（簡単のためこのことを $a \perp b$ と記すことにする）かつ $a+b>n$ のときそれぞれに $1/ab$ の金塊を配るとすると，その総量はちょうど 1 となるのだ。

n が小さいときを考えてみよう。$n=2$ のときは，明らかにペア（1, 2）の 2 人に対して $1/2$ ずつの金塊を配ることになる。全体では 1 である。$n=3$ のときは，ペア（1, 3）に対して $1/3$ ずつ，ペア（2, 3）に対して $1/6$ ずつを配ることになるが（1, 2）は $1+2 \leqq 3=n$ だから対象外である。よって全体ではやはり 1 となる。$n=4$ のときは，ペア（1, 4）に対して $1/4$ ずつ，ペア（2, 3）に対して $1/6$ ずつ，ペア（3, 4）に対して $1/12$ ずつを配る。ペア（1, 2）と（1, 3）は和が 4 以下だから，またペア（2, 4）は $2 \perp 4$ でないから，対象外だ。よって，配る総量はやはり 1 である。

一般には，数学的帰納法で進めるとよい。n が $k-1$ から k になった場合を考

えよう。座席kが増えたので，そこに座った人とそのパートナーに与える金塊が必要だ。その量はkのパートナー，すなわち$k \perp p$であるようなp（$0 < p < k$）が見つかるごとに$2/pk$である。一方，配らなくともよくなるペアも生ずる。具体的には$p + q = k$かつ$p \perp q$となるペア（p, q）で，和が超えるべき値k以下になったので，この2人に与えていた金塊$2/pq$が節約できる。ところが$p + q = k$かつ$p \perp q$であれば，$p \perp k$かつ$q \perp k$だから，$2/pk$と$2/qk$の金塊をkとそのパートナー（実はこの場合pとq自身）に新たに与えねばならない。$2/pq = 2/pk + 2/qk$であるから，結局pとqが得ていた収益の一部をkに回すことになるだけで，分配すべき金塊の総量はnが$k-1$からkになっても変わらず，1のままなのだ。

　最後の問題は，1000のうちn席が埋まっていた場合に配られる金塊の総量の期待値である。実は，満席の場合に配られる量が1だとわかってしまうと，期待値の加法性により，この問題は非常に簡単になってしまうのだ。$a + b > 1000$かつ$a \perp b$なる勝手な2つの座席aとbを選んだとき，この座席ペアに金塊を配分するかどうかというのは，座席が両方ともふさがっているかどうかで決まる。aがふさがっている確率は$n/1000$であり，その条件下でbもふさがっている確率は$(n-1)/999$だから，両方ともふさがっている確率は$n(n-1)/999000$である。この確率はaとbの値とは無関係だから，配られる金塊の総量の期待値もマハラジャが提供した量の$n(n-1)/999000$である。

第70話 進化した8の字ミミズの逆襲

　アリスは，チェシャ猫につれられて，例のモグラたちがいる無限国を見学訪問していた（『パズルの国のアリス　美しくも難解な数学パズルの物語』第22話「無限モグラ国の8の字ミミズ」参照）。広場の造園工事も終わり，そのとき植えた「四角芝」は順調に生育しているようだ（同第40話「隣の芝生を青くするには」参照）。

　最初の訪問のときは，意地の悪そうな声だけが聞こえたボスモグラも，多少なじみになったので挨拶に出てきた。「皆が憩える公共の広場もなかなかよいものだのう。もっと早くこういう広場を作ればよかったという声も結構ある」。

　「そうでしょう」とアリスは答えながら，「それでも，うちの別荘を建てさせてくれるような親切心はどうせないのよね」と内心思う。

モグラは，そんな心のうちには気づかぬ風情で，「ここはよいのだが」とチェシャ猫に相談を持ちかける。「ほら，われわれのビタミン補給源になっていた8の字ミミズがいたじゃろ。あいつらが悪性の進化をしおって，モグラ国のそこかしこに住み着き，病原体を撒き散らしたりいろいろと悪さをしでかすんじゃ」。

　「え，あんたたちは無限匹いるんだから，1モグラが1ミミズを退治するということで簡単に始末がつくんでは……」とチェシャ猫。

　8の字ミミズとは，体が太さ0の輪2つからできている奇妙な生き物で，大きさは様々だ。でも，確かアリスの記憶では，平面上に重ならずに住めるのは可算無限匹までなので，モグラと1対1の対応がつくはずだった。

　「ところがじゃ」とボスモグラ。「この進化というのが曲者で，きゃつら形を少し変えおったのだ。輪の1つが切れてギリシャ文字の α みたいになったのがいるし，さらにもう1つも切れて χ みたいなのもいる。挙句には χ の腕が1つ取れてしまい，λ みたいな形のもいる始末じゃ。平面上で重なることがないのは相変わらずだが，こうもいろんな形やサイズのがいると，ひょっとして非可算無限匹でも平面に重ならずに住めるのではと思えてきてのう」。

　読者は，ボスモグラの疑問に答えてやっていただきたい。疑問を数学的に簡潔に述べるなら，「ユークリッド平面上に α や χ や λ などと同相な図形を重ならずに非可算無限個描くことができるか」ということだ。あるいは，α は駄目でも，λ だけなら非可算無限個を描けるという例があるだろうか。

....

第70話の解答

　結論から述べると，問題のどの形のミミズでも，平面上に非可算無限匹を重ならないように住まわせることはできない。体の一部に三叉分岐があることがポイントで，典型的には λ がそうだが，他の形のミミズ（例えば α）であっても，その体に λ と同相な部分がある。だから，もし α ミミズが重ならずに非可算無限匹住めるなら，λ ミミズだってそうできるということは納得していただけるだろう。

　さて λ ミミズがユークリッド平面上に非可算無限匹住むと必ず重なってしまうことの証明はかなり巧妙なもので，例えば次のように考えを進めるとよい。ミミズは3本の腕を持つが，有理点（座標がどちらも有理数の点）は平面上で稠密に

存在するので，腕のうち1つだけと交わり他の2つの腕とは交わらないような有理円（有理点を中心として有理数を半径とする円）が描ける。しかも，半径を十分小さくとれば，1本の腕とだけ交わる3つの有理円で互いに交わらないものが描けよう（右図）。

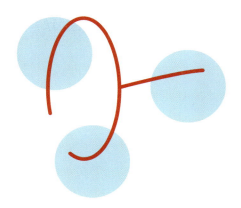

平面上に非可算無限匹の λ ミミズが住んでいるとし，各ミミズの腕にそれぞれと交わるこのような3つの有理円（腕輪と呼ぼう）をつける。a というミミズの腕輪の集合を $\Psi(a)$ と書くと，これは3つの有理円からなる集合だ。有理円を決めるものは，その中心の座標と半径だが，これらはいずれも有理数なので全部でも可算無限個のバリエーションしかない。よって有理円の全体は可算集合であり，有理円が3つ集まった集合も可算無限個のバリエーションしかない。

したがって，ミミズ a に有理円3つからなる集合 $\Psi(a)$ を割り当てる写像 Ψ は非可算集合から可算集合への写像ということになり，単射（1対1の写像）ではありえない。それどころか，3匹の異なるミミズ a, b, c で $\Psi(a) = \Psi(b) = \Psi(c) = \{D, E, F\}$ となるものがいる（実は，もっとすさまじい帰結を述べるなら，非可算無限匹のミミズで全員の腕輪が共通というようなものがいる）。ここで腕輪 D, E, F を1点に縮退させて考えると，ミミズ a, b, c の腕の付け根は，それぞれが D, E, F とミミズ自身の腕でつながっている。つまり，a, b, c の腕の付け根と D, E, F は，腕を結線として，グラフ理論でいう完全2部グラフ K_{33} を構成する。K_{33} が結線を交差させることなしに平面に描けないことはよく知られている……というか，ちょっと試みてみれば明らかなことであろう。

第71話 シャイで人見知りな一匹狼たち

チェシャ猫は，首や手足だけでいろいろな場所へ飛んでいけて，とても便利だ。おかげでアリスも，チェシャ猫に頼んでいろんな世界を訪問することがある。今は，小さな惑星を見学しているところだ。「この惑星は，全体がフェンスできちんと仕切られていて，無限モグラ国のように各地所には狼が1匹だけで暮らしているんだ」とチェシャ猫。

「狼……ですか」とアリスがおびえた声をあげると，チェシャ猫は「ああ，心配ないよ。ここの狼たちには，キミたちの物語に出てくるような乱暴者はいないから。むしろとても恥ずかしがりやで，われわれと目を合わすのも嫌がるくらいだよ。……ああ，でもそろそろだな」とどこからか突然現れた手（前足）の中の懐中時計を見る。

するとまもなく，各地所の中に1軒だけ立っている家からそれぞれ狼が出てきて，フェンスに沿って自分の地所内をゆっくり散歩し始めた。
　「ここの住人たちは，毎日決まった時間にいっせいに散歩を始め，フェンスに沿って自分の地所内を一周する習慣があるんだ。それも必ず反時計回りにね。フェンスから離れて見ていたほうがいいね。われわれがいると，嫌がってなかなかこちらに来ないから」とチェシャ猫。
　アリスたちがフェンスから離れると，その地所の住人は，だんだん近づいてきつつあったが，突然，歩調を緩めた。「あれ，まだあたしたちを嫌がっているのかしら。もうフェンスからは随分離れたと思うけど……」。
　「いや，それも多少はあるかもしれないが，違うね。ごらん」とチェシャ猫は近くのフェンスの先を指さす。見ると，その向こう側を隣の地所の住人が歩いてくる。「フェンス越しとはいえ，お隣さんと顔を合わすのがいやなのさ。どう挨拶してよいかもわからないらしい。あそこにフェンスが三叉になっている箇所があるだろう」と2匹の狼の先にある地点を指す。
　「あの地点を過ぎるとお隣さんはこちらのフェンスから離れていくので，それを待ってからそこを通過しようと考えて，のろのろ来てるのさ。ほら，お隣さんも，同じように考えたらしいよ。急に歩調が速くなっただろう」
　こうして，2匹の狼はフェンス越しに顔を合わせるのをなんとか避けることができた。
　「ふーん，人見知りするというのも，結構頭を使うのね。こういうやり方でいつもうまく顔合わせを避けているのかしら」
　「いや，そうでもないらしい。地所の配置がどうなっているかや，各狼がどこからスタートするかによるのかもしれないけど，毎日，どこかで2匹のお隣さんが望まない遭遇でばつの悪い思いをしているようだよ」
　読者の皆さんには，この望まない遭遇を避けられるような地所の数とその配置，さらにその場合に各狼がどこから散歩を開始すればよいかを考えていただきたい。あるいは，地所の数・配置と出発点にかかわらず，どこかで遭遇が起こることが避けられないものならば，それを証明していただこう。念のため，この惑星には海などはなく，狼の住んでいない地所はないこと，また各地所は1つながりのフェンス（閉曲線）で隣と仕切られていることを明記しておこう。

第71話の解答

　この問題に対して筆者が最初に用意してしていた答えは,「2匹の狼がどこかで遭遇することは決して避けられない」というものだが, そのための条件を1つ, うっかり書き落としてしまったようだ。それは,「狼たちの散歩は, 同時に始まるだけでなく, 同時に終わる」ということで, この条件が無い場合は, 誰も遭遇しないような散歩コースが可能である。

　例えば, 北極と南極に1匹ずつ狼が住んでいて, 他の狼は赤道上にある間隔を空けて住んでいるとしよう。また赤道上の狼たちの互いの地所の境界は経線に沿っていて, 極に住む狼との境界は1本の緯線とする。そして, 赤道上の狼は, 全員自分の地所の東の境界の赤道上の点から等速度で歩き始めるとする。このとき, 両極の2匹は, 自分の地所との境界に他の狼たちが達する前に, さっさと回り終えて家に引っ込んでしまうとする。この場合, どこにも遭遇が起こらないということは了解していただけよう。

　ところが「散歩が終わるのも同時」という条件があると, 両極の2匹は, 回り終わってもさっさと家に引っ込んでしまうことはできないので, 遭遇が生ずる。

　さて, このことの一般の証明だが, 一番, 簡単な場合として, 狼が2匹だけのときを考えてみよう。例えば, 1匹が北半球, 別の1匹が南半球に住んでいて, 地所の境界が赤道というような場合だ。このときは, 2匹がそれぞれ自分の地所を反時計回りに巡るという条件により, 北の狼は赤道に沿って西から東へ, 南の狼は東から西へ進むことになり, 分かれ道もないからやがてどこかで出会ってしまうことは明らかだ。

　実は, 狼が何万匹もいてそれぞれの地所の配置がもっとずっと複雑であっても, どこかで2匹の狼が遭遇することは避けられないのだが, それはどうしてだろうか?

　散歩のスタートの時点で, どれか1匹の狼aに着目しよう。aの家Aからaのスタート地点までをその地所内の曲線で結ぶ。その曲線をフェンスを越えて延長し, 隣の家B, さらにはそこの住人bのスタート地点まで結ぶ。各地所は1つながりだからこれが可能なことは明らかだ。さらにフェンスを越えて次の家C, そこの住人cのスタート地点という具合に次々と曲線で結んでいくことを考える。ただ

し，ある狼のスタート地点が，いくつかのフェンスがちょうど交差している場所（以下では頂点と呼ぶ）だった場合，「フェンスを越えた隣の地所」というのが曖昧になるので，そこから少し反時計回りに進んだ地点でフェンスを越えることにする。こうして，家と狼を次々に結んでいくと，その惑星の人口がいくら多くても有限には違いないから，やがてどこかで同じ家に戻ってきて輪ができる。

　この輪は，どこをどういうふうに通るにせよ，自身と交差することがないから，惑星の表面上に描かれた単純閉曲線となることがポイントだ。つまり，輪は惑星面を2つの部分に分ける。しかも，その曲線上にスタート地点を持つ狼たちはどれも（自分の地所を反時計回りに巡るという制限により），輪の同じ側に向かって進んでいく。それらの狼たちが向かう側を輪の「内側」，反対側を「外側」と呼ぶことにしよう。

　今，そのような輪を1つとり，その内側にある頂点（フェンスの交差する点）の数nを数えてみよう。仮に$n = 0$，すなわち輪の内側には頂点がなかったとする。このときは，明らかに輪は2つの地所のみを通り，2つの家AとB，その住人aとbのスタート地点をA-a-B-b-Aと順につなぐものになる。するとこの2匹の狼は分岐のない1つのフェンスに沿って，互いのほうへ進むしかないから，歩くスピードをどう調整しようと，遅かれ早かれ遭遇は避けられない。

　では，$n > 0$ならどうなるだろう。この場合，輪の上の狼たちはすべて輪の内側に向かって進んでいくので，輪も狼にくっついたまま移動するなら，輪は時間の経過とともに次第に縮んでいくということになる。したがって，狼のうちの1匹（xとしよう）はやがてどこかの頂点を通過することになり，その頂点は輪の外に出る。このとき，xの隣の家や狼も入れ替わり，内側にあった他の頂点も輪の外に出ることがあるが，新しい輪は元の輪の内側に形成されるので，外側の頂点が輪の内側に入ってくることはないから，nは確実に1以上減る。つまり，輪の内側の頂点の数nは，時間が経過するにつれて単調に減少し，やがて0になる。そして，そのときに輪を形成している2匹の狼は，先と同じ理由で早晩破局を迎える。

　念のため申し添えるなら，「同時に散歩を終える」という条件がないと，上の証明において，xが頂点を通過して隣人が入れ替わったとき，新しい隣人が既に家の中に引っ込んでいないとも限らず，内側の新しい輪の形成が保証されなくなる。

第72話 缶もキャンディも平等に！

ヤマネが7匹の姪たちに囲まれて往生していた。
「ひどいじゃない。おじちゃん，そんなにためちゃって」とサンデイ。「あたしたちにくれないで，こっそりネコババしようとしてたんでしょ」とマンデイも詰

め寄る。「よく見ると缶もとっても綺麗で素敵じゃない。こんなのあたしたちに隠してたなんて許せないわ」。

ヤマネは日ごろ可愛がっている姪たちの一斉糾弾の的になって，ろくに返答もできずタジタジだ。そこに幸いアリスとグリフォンが通りかかった。事情を聞いてみると，こういうことらしい。

例の外国出張が長くなっているヤマネの兄夫婦（姪たちの両親）から，娘たちへのみやげ物としてときおり缶入りキャンディが届く。ところがキャンディは姪たちの大好物なので，うっかり缶を開けようものなら，前にもあったように取り合いが始まって収拾がつかなくなりかねない（『パズルの国のアリス 美しくも難解な数学パズルの物語』第41話「遠慮深いと得する？」参照）。それに今度は缶も綺麗なので缶自体も取り合いの対象になりそうだ。

中のキャンディの個数は，缶ごとにまちまちだが，幸い缶に書いてある。そこで，缶が7つ以上集まったら，キャンディの合計数が7で割り切れるように缶を7つ選び，缶を開けて中身は7等分して，姪たちに渡そうというのがヤマネの計画だった。

ところが，これまでに到着した缶を見てみると，どの7つを選んでも中のキャンディの合計数が7の倍数にならない。それで計画の実行を先延ばししていたら，目ざとい姪たちにみやげ物を発見されてしまったとい

うわけだ。

「ふーむ」とグリフォン。「ずいぶんたまっているね。全部で……えーと，12缶もあるのか」としばらく考えていたが，やがて「大丈夫だよ。そのうちにおそらくもう1缶届くんだろう。そしたら，それを合わせれば，今度こそ7缶で中身の合計数が7の倍数になるものが必ず見つかるさ」。

姪たちは，グリフォンの言葉なので，それを信じて次のみやげが届くのを待つことにしたが，さて，読者の皆さんにはこの根拠を考えていただきたい。また，ヤマネの姪は7匹だが，一般にn匹で分け合う場合に，キャンディの合計がnの倍数になるようなn缶が必ず見つかることを保証するためには缶は最低いくつあればよいだろうか。

第72話の解答

缶の数が$2n-2$以下では，どのn缶を開けてもキャンディの合計数がnの倍数にならない場合があることを，まず一般のnの場合に証明してしまおう。これは簡単で，どの缶にもnの倍数個かnで割ると1個余る数のキャンディが入っている場合を考えてみるといい。n缶を選びその合計キャンディ数をnの倍数にするには，どちらか一方のタイプの缶だけを選ぶしかないが，両タイプが半々に分かれている場合，どちらもn缶には足りないので，それは不可能だ。

では，$2n-1$缶あれば，その中からうまくn缶を選んでキャンディの合計数をnの倍数にできるだろうか。グリフォンの言葉は，少なくとも$n=7$の場合には，必ずそうできることを示唆しているようだ。その通りなのだが，このままでは証明が難しそうなので，ちょっと意外なアイデアを導入しよう。それは，もう1つ缶を増やして缶を全部で14個にすることだ。ただし増やす缶には，14缶全部を合わせると合計が7の倍数になるようにキャンディを入れておく。

さてこの状況で，増やした缶も含めた14缶からうまく7缶を選べば，中のキャンディの合計を7の倍数にできることを示そう。i番目の缶の中のキャンディ個数を7で割った余りの数値をa_iとする。もちろん，7で割った余りだから，0から6までのいずれかだ。$a_1, a_2, \cdots, a_{14}$の中に同じ余りが7つ以上あれば，その中のどれでも7缶を選べば合計キャンディ数は7で割り切れる。したがって，

同じ余りが7つはないとして，缶を並べ替え a_i が広義単調に増加するようにする。すなわち，

$$a_1 \leqq a_2 \leqq \cdots \leqq a_{14}$$

となるように，14個の缶を並べ替えるのだ。a_i と a_{i+7} を対にして考える。同じ余りが7つはないので，$a_i < a_{i+7}$ である。次に0から6までの数値の集合 A_k を次のように定義する。まず $A_1 = \{a_1, a_8\}$ とする。また $A_{i+1} = (A_i + a_{i+1}) \cup (A_i + a_{i+8})$ とする。ここで記法 $B + a$ は B の各要素 b に a を加えて7で割った余りの集合，すなわち，

$$\{(b + a) \bmod 7 \mid b \in B\}$$

を表すことにする。集合 A_k が何を表しているかというと，各対 $\{a_i, a_{i+7}\}$ からその要素 b_i を1つずつ選び，$(b_1 + \cdots + b_k) \bmod 7$ を計算した結果を集めたものであることは納得していただけるであろう。実例を挙げると，例えば a_1 から a_{14} までを 0, 0, 0, 1, 1, 1, 2, 2, 2, 5, 5, 5, 5, 6 とする場合，

$A_1 = \{0, 2\}$
$A_2 = \{0, 2, 4\}$
$A_3 = \{0, 2, 4, 5\}$
…

である。さて，集合 B の要素数を $\#B$ と書くことにすれば，任意の a について $\#B = \#(B + a)$ であることは明らかだ。なぜなら，$B + a$ の要素は B の要素を a だけ順繰りにずらしたのにすぎないのだから。したがって

$$2 = \#A_1 \leqq \#A_2 \leqq \cdots \leqq \#A_7 \leqq 7$$

であり，$\#A_i = \#A_{i+1}$ となる i が存在しなければならない。$A_{i+1} = (A_i + a_{i+1}) \cup (A_i + a_{i+8})$ だから，このことは $A_i + a_{i+1} = A_i + a_{i+8}$ を意味する。これは A_i を $a_{i+8} - a_{i+1}$ ずらすと元に戻るということだが，7は素数であり，$a_{i+1} < a_{i+8}$ だから，これは A_i が空集合か全体集合 $\{0, 1, \cdots, 6\}$ でないと起こりえない。$\#A_1 = 2$ だから，もちろん空集合ということはありえず，したがって $\#A_i = \#A_{i+1} = \cdots = \#A_7 = 7$ ということになる。すると，当然 $0 \in A_7$ だから，$(b_1 + b_2 + \cdots + b_7) \bmod 7 = 0$

となるように各 b_i を $\{a_i, a_{i+7}\}$ から選べるわけであり，その 7 つの缶が目的のものである．

では，元の問題，つまり缶 13 個の場合にうまく 7 缶を選べるかというと，14 番目の缶を導入したときに合計キャンディ数を 7 の倍数にしておいたのがミソである．もし上で選んだ 7 缶の中にその 14 番目の缶が含まれていたら，選ばれなかったほうの 7 缶を考える．全体のキャンディ数が 7 の倍数で，選んだ缶の合計キャンディ数が 7 の倍数なのだから，残った缶の合計キャンディ数も 7 の倍数だ．よって代わりに残ったほうの 7 缶を選べばやはり目的は達成される．

次に一般の n 匹で分け合う場合を考えよう．この場合も缶が $2n-1$ 個あればうまくいくようだ．ところが，上と同様の論法を適用しようとすると，ほとんど問題ないのだが，ただ 1 点，7 の特殊性を利用しているところでつまずく．それは 7 が素数だということで，一般の n では $A_i = A_{i+1}$ から $A_i = \{0, 1, \cdots, n-1\}$ は導かれないのだ．逆に言えば，n が素数であれば，証明はそのままで成り立つ．では一般にはどうするかというと，n を素因数分解し，素因数の数に関する数学的帰納法を適用するとうまくいく．

今，n が $n = pq$ ($p > 1$, $q > 1$) と分解され，p 匹や q 匹で分け合う場合にはそれぞれ $2p-1$ 缶，$2q-1$ 缶があれば十分としよう．このとき $2pq-1$ 缶が与えられれば，その中から pq 缶を選び，中のキャンディ数の合計を pq の倍数にできることは次のように示される．$2p-1$ 個以上の缶があれば，その中から p 個の缶を選んで，中身の合計を p の倍数にできるのだから，$2pq-1$ 個の缶に対して何度もこの選択を行うことで，p 個ずつの缶からなる重なりのない集合 $B_1, B_2, \cdots, B_{2q-1}$ を選び出せて，各 B_i のキャンディ合計数を p の倍数 pk_i にできる（最後に $p-1$ 缶が残るが，これは放っておけばよい）．次に $k_1, k_2, \cdots, k_{2q-1}$ 個のキャンディが入っている缶がそれぞれあると考えると，これらから q 個を選んで，その中のキャンディ合計を q の倍数にできる．つまり $k_{i_1} + \cdots + k_{i_q} = qs$ となるように $i_1, \cdots, i_q$ を選べる．そこで $B = B_{i_1} \cup \cdots \cup B_{i_q}$ とすれば B は $n = pq$ 個の缶からなり，そのキャンディ数の合計は pqs だから $n = pq$ の倍数となる．

これで，証明は完結したが，筆者には上の証明がやや不満で，帰納法に頼らなくても一般の n の場合を証明する方法があるのではないかと思っている．読者のお知恵を拝借したい．

第73話 公爵夫人を出し抜け！

　アリスは，広い公園内の池で手漕ぎのボートに乗って遊んでいた。同乗しているのは，トカゲのビルと公爵夫人の料理番である。料理番が濃いサングラスとマスクといういかにも怪しげななりをしているのでアリスが理由を尋ねると，「公爵夫人ってさ，結構人使いが荒いのは知ってるわよね。ま，あたしも好き勝手にやってるから，お互いさまかもしれないけど……」と料理番。「今日はまったくやる気が出ないんで，身内が病気だと嘘をついて休みにしてもらったのよ。ところが，今日は夫人もこの辺に用事があったはずだって思い出してね。ここで遊ん

でいるところに出っくわして，嘘がばれると気まずいじゃない。あら……てなこと言ってたら案の定よね。現れちゃったわ」とアリスの後方を目で示す。

アリスが振り返ってチラッと見ると，公爵夫人が岸に立ってこちらを眺めている。しかも，どうやらアリスたちに気がついたらしく，不審な同乗者が誰なのかいぶかしんでいるようだ。アリスは夫人には気づかなかった振りをして視線を戻した。

「まずいわね。あの感じでは，まだばれてはいないようだけど，岸に着いた時に必ず声をかけてきて，あたしが誰か聞くわよ」と料理番。アリスは，料理番の嘘に加担する必要はないのだが，ここは同舟のよしみということで，提案した。「じゃあ，これから全速力でボートを漕いで，夫人とは反対の岸にボートを着けるのはどうかしら。あなたは夫人よりは足が速いでしょうから，あとは何とか逃げられるでしょう。夫人に何か聞かれてもあたしたちがうまく答えとくわ」。料理番はオールを握っているビルをチラッと見て，不安そうな顔をしていたが，とりあえずその作戦でいこうと決め，ビルに対岸に向けて漕いでもらうことにした。

ところが，公爵夫人も見知らぬ人物が誰か確かめようと決心したらしく，短い足をちょこまかと動かして，自分にできる限りの速力でボートの向かっている対岸へ歩き出した。先に着岸地点に行って待ち受けようというつもりらしい。

池は，完全な円形であり，どこにでも着岸できる。また，ボートは池の中心にいて，いくら足の遅い公爵夫人でも，ビルが漕ぐボートよりは4倍速く歩けるとする。ここで読者に考えてほしいのは，夫人が着く前にボートを着岸させ料理番を逃がすための戦略である。もし，公爵夫人の足がボートより4.5倍速かったらどうだろうか？　また，余裕のある読者は，最善の戦略をとったとき，この比が何倍までだったら料理番が夫人を出し抜けるかを考えていただきたい。普通は慣性の法則が働き，ボートを漕ぐときはもちろん，走る場合でも急な発進・停止・方向転換はできないのだが，簡単のためそれは自由にできるものと考えてもらってよい。

第74話 続・給仕長帽子屋のたくらみ

　しばらく開かれていなかったトランプ王国の晩餐会がまた催されることになった。例によって会場は三月ウサギの家の前の木陰だ。そこは，ヤマネ，帽子屋，三月ウサギの3人組がいつでもお茶会を催しているので，準備が簡単というわけである。

　読者は「給仕長・帽子屋のたくらみ」（『パズルの国のアリス　美しくも難解な数学パズルの物語』第8話）とその解答を覚えておいでだろうか？　晩餐会はトランプたち総勢52人がテーブルをぐるりと囲んで始まる。給仕長の案内で到着順に席に着き，各席の間に置かれたナプキンを取る。ところが，テーブルマナー

向けて漕ぐというのが，ボート側の戦略である。この戦略によれば，夫人が一切方向転換することなく岸を反時計回りに進んでくれば，ボートも一切方向を変えずにPへまっしぐらに進み，先に検討した通りになる。

夫人が方向転換して時計回りに進み始めても，ボートはしばらく同じ目標に向けて進むだけである。そして，ボートから見たときの夫人が池の中心より右に来たら，ボートの目標点をQに切り替えるが，PまでとQまでの距離は同じだから，そのような目標の変更を何度しても，ボートが進まねばならない距離は少しも増えない。一方，夫人は方向転換するたびに余計に歩くことになり，損をする。

これで速度比が，約4.60334倍までは料理番が公爵夫人を出し抜けることがわかったが，それ以上は駄目だろうか。結論を言うと無理で，ボート側の上記の戦略は最善なのだ。それを証明するには，多少面倒な考察と三角関数が絡んだ微分計算が必要なようだから，以下はそれを苦にしない人に読んでいただこう。もちろん，もっと簡潔な説明があれば歓迎する。

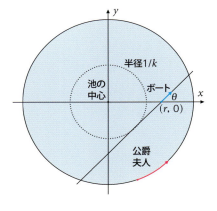

右の図のように池の中心を原点に取り，ボートの位置を $(r, 0)$ とする直交座標を導入するとわかりやすい。ボートが向かう方角 θ を最善にしたいというのが問題だ。

ボートの速度は $\frac{1}{k}$ だから，岸に近づくペースは $\frac{1}{k}\cos\theta$ である。公爵夫人の追跡がなければ，これは $\theta=0$ のときが最大で，早く上陸したければ当然ながら真東に向かうのがよい。ところが，公爵夫人が速さ1で南から迫ってくるので，やや北に進路をとったほうがよい。ボートの北向きの速度成分は $\frac{1}{k}\sin\theta$ だが，(公爵夫人は池を巡っているので) 池の中心周りの角速度で考えたほうがよく，それは $\frac{1}{rk}\sin\theta$ である。つまり，公爵夫人は角速度 $1-\frac{1}{rk}\sin\theta$ で近づいてくる。結局，ボートは $\frac{1}{k}\cos\theta$ のペースで岸に近づき，夫人は $1-\frac{1}{rk}\sin\theta$ のペースで迫ってくるので，比 $(1-\frac{1}{rk}\sin\theta)/\frac{1}{k}\cos\theta$ を最小にする θ を求めればよい。ここからは高校生でも計算できる微分の応用問題なので，結論だけを述べるなら，求める角 θ は $1/k = r\sin\theta$ を満たす。したがって，ボートの進行路を後ろに延長すると原点を中心とする半径 $1/k$ の円に接することがわかる。

$k < \pi + 1 = 4.1415\cdots$ ならば脱出できる。

では，$k = 4.5$ の場合，脱出は不可能ということだろうか？ そうではない。実は，戦略分岐点で向かう方向を公爵夫人のそのときの位置の対岸とする上の戦略は最善ではなく，一番よいのは，自分と公爵夫人とを結ぶ線分に直交する方向に向かうことなのだ（右図）。

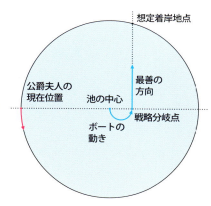

意外に思う読者が多いかもしれない。なぜなら，公爵夫人は，方向転換して北へ向かうほうが，ボートの想定着岸地点に早く着くからだ。だが，この方向転換は公爵夫人に有利には働かない。というのはボート側も方向転換できるからだ。そのことを説明するのは後回しにして，公爵夫人が方向転換しなかった場合，ボートと夫人それぞれが戦略分岐点を過ぎてから目的の着岸地点に着くまでに要する時間を計算してみよう。

ボートが要する時間は，三平方の定理を使えば $\sqrt{k^2 - 1}$ であることが簡単にわかる。一方，夫人が要する時間は $\pi + \mathrm{Arccos}(1/k)$ だから，$\sqrt{k^2 - 1} < \pi + \mathrm{Arccos}(1/k)$ が満たされれば，料理番は夫人を出し抜くことができる〔注：Arccos は $\cos$ の逆関数。$\cos\theta = x$ となる角度 θ ($0 \leq \theta \leq \pi$) を $\mathrm{Arccos}(x)$ と書く〕。$k = 4.5$ の場合でも，$\sqrt{k^2 - 1} \simeq 4.3875$, $\pi + \mathrm{Arccos}(1/k) \simeq 4.4883$ だから，料理番は何とか夫人から逃げられる。実際，上の不等式を代数的に厳密に解くのは難しいが，数値的に近似解を求めるのは簡単で，$k < 4.60334$ くらいの解が得られる。

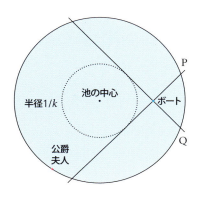

では，夫人が方向転換しても無駄なのはどうしてだろうか。これにはボート側の一般的な戦略を説明するほうが有用だろう。左の図をご覧いただきたい。

池の中心の周りに半径 $1/k$ の円を想定し（点線の円），ボートの位置からその円に対して2本の接線を引く。それが池の岸と交わる点のうち，ボートに近い2点をPとQとする。そしてP, Qのうち公爵夫人から遠いほうに

第73話の解答

この問題では，実際の距離は重要ではなく，速度の比だけが問題なので，池の半径は1とし，その距離を進むのに公爵夫人の足で1の時間がかかるとしよう。すると，最初の問題では，同じ距離をボートを漕いで進むのに4の時間がかかることになる。

もちろんはじめから何も考えずにまっしぐらに対岸へ向かうのは論外だ。実際，池の中心からでは岸のどの地点に向かっても4の時間がかかるが，夫人は最大でも円を半周すればよいから，必要な時間は$\pi=3.1415\cdots$であり，余裕を持ってボートが着くのを待ち受けることができる。

しかし，料理番側にも救いはある。ボートの進むコースを自由に変更できるからだ。例えば，最初のうちは自分と公爵夫人とを結ぶ線分が常に池の中心を通るような位置に身を置きながら次第に夫人から離れていくことが可能だ。わかりやすいように，公爵夫人は池の北岸からスタートし反時計回りに池を巡るものとしよう。すると今述べたように

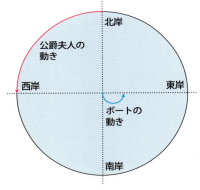

動くと，ボートは，半径1/8の円の南側半分を巡ることになる（上図）。

しかし，この動きができるのは，夫人が池の西岸に達するまでで，このときボートは東岸まで3/4の地点にいる。これ以上岸に近づくと，夫人が池を回る角速度のほうがボートより大きくなるのでうまくいかない。そこで，ここからは一気に東岸を目指してみよう。幸い，この位置からなら岸まであと3の時間でたどりつける。一方，公爵夫人のほうはというと円を半周しなければならないのは同じだから約3.14の時間がかかるので，料理番は脱出に成功できる。

一般に速度比がkのときに，この戦略を使うとどうなるだろう。最初の段階で，料理番は，自分と公爵夫人を結ぶ線分が池の中心を通るようにしながら，岸までの距離が$1-1/k$の地点まで来ることができる（これを戦略分岐点と呼ぶことにしよう）。そこから一気に岸へダッシュすると着岸までに要する時間は$k-1$である。一方，夫人がそこに到達するのに要する時間はπだから，$k-1<\pi$つまり

に縁がないせいで，自分の席の両側にナプキンが残っていると，どちらかをでたらめに選んで取っていた。着席したとき，すでに自分の両側のナプキンを隣席に奪われていれば，その人は当然ナプキンにあぶれることになる。前回，給仕長役を任された帽子屋はすぐにそのことに気づいた。彼はお茶会の会場を乗っ取られた腹いせに，なるべく多くのトランプたちからナプキンを奪おうと着席順を画策し，だいたい平均で6人毎に1人の犠牲者を出すことに成功した。つまり，52人のうち8〜9人がナプキンにあぶれてしまったのだ。

そこで今回は，「皆，左のナプキンを取るように」と指示をした……というなら話が簡単になるのだが，実はそうではなく，悪事をたくらみそうな三月ウサギや帽子屋は厨房に閉じ込めて席順について一切口を出せないようにし，ヤマネに給仕長を任せることにした。ヤマネは何の考えもないらしく，完全にランダムに，各人を席に案内している。

ここで読者への問題である。この場合も，ある程度の人数がナプキンを手にできないのはやむをえないが，平均で何人ぐらいの犠牲者が出るかを考えていただきたい。52人での晩餐会の場合を正確に計算するのは大変だが，例えば，3人や4人の場合ならどうだろうか？　また，人数が増えていくと，ナプキンを手にできない人の比率は一定値に収束すると推測されるが，それはどのくらいの値だろうか？

第74話の解答

着席順に何らかの戦略があると，客はその順に従って席に着くので，そのときどちらのナプキンを取るかだけを考えればよいが，この問題は，客の着席順という要因が加わることで複雑さが増している。

まず，3人の場合を考えてみよう。最初の着席者が左右どちらのナプキンを取るかは，まったくでたらめなので，右を取ったと仮定しても一般性を失わない。次の客がその右隣に案内されれば（確率1/2），右のナプキンしか残っていないのでそれを取るしかない。3人目も同様なので，この場合は全員がナプキンにありつく。では2人目が最初の客の左隣に案内されると（確率1/2）どうだろうか？

その客も右のナプキンを取れば（確率1/2），3人目もそうせざるをえず，誰もナプ

キンを失わない。だが，左のナプキンを取れば（確率1/2），3人目は自分の両側のナプキンを奪われて犠牲者となる。結局，ナプキンを失う可能性があるのは3人目だけで，その確率は$1/2 \times 1/2 = 1/4$だから，平均では1/4人の犠牲者が出る。

　次に4人の場合だが，最初の客が右のナプキンを取ったと仮定してもよいのは同様である。2人目がその右隣に座った場合（確率1/3），その客には右のナプキンしか残されていない。この後の状況は，3人の場合に最初の客が座った後とよく似ており，確率1/4で4人目がナプキンを失う。では，2人目が最初の客の左隣に座った場合（確率1/3）はどうだろう？　その客も右のナプキンを取れば（確率1/2），同様に確率1/4で4人目がナプキンを失う。また，その客が左のナプキンを取れば（確率1/2），確率1で4人目がナプキンを失う。最後に2人目が最初の客の向かい側（麻雀用語でいう対面）に座った場合（確率1/3）はどうだろう？

　その客が右のナプキンを取れば（確率1/2）誰もナプキンを失わず，左のナプキンを取れば（確率1/2）その左隣の客がナプキンを失う。結局，ナプキンを失う可能性があるのは1人だけで，その確率は

$$\frac{1}{3} \cdot \frac{1}{4} + \frac{1}{3} \cdot \frac{1}{2} \cdot \frac{1}{4} + \frac{1}{3} \cdot \frac{1}{2} + \frac{1}{3} \cdot \frac{1}{2} = \frac{11}{24}$$

となるから，平均で11/24人が犠牲になる。

　5人以上の場合にもこの調子で分析していくのは，場合分けが多岐にわたり，すでに非現実的だろう。そこで期待値を求める場合の常套手段，すなわち，期待値の加法性に訴えることにしよう。具体的には，特定の客1人に着目し，その客がナプキンを失う確率を計算してみることにする。

　その客を0とし，その右に向かって1，2，…，左に向かって-1，-2，…と客に番号を振る。また，各客は着席したときに両側のナプキンが残っている場合にでたらめにどちらかを取ることになっているが，そういう場合にどちらを取るか，各客に癖があるとしても問題は変わらない。右を取る癖のある客を右利き，左を取る癖のある客を左利きと呼ぼう。客0の右側にいる最初の左利きの客をiとする。すなわち，客1，2，…，$i-1$は右利きで，客iが左利きとする。同様に客0の左側にいる最初の右利きの客を$-j$とする。各客が右利きか左利きかの可能性は半々だから，客0の周囲の配置が実際にそうなる確率は$1/2^{i+j}$だ。

この場合に客0がナプキンを失うのはどういうときだろうか？　少し考えればわかるが，それは客iと客$-j$の癖の影響が伝わってきた場合だけであり，（客0自身を含めて）$-j+1$から$i-1$までの客の誰かが着席したとき，両側にナプキンが残っていて自分の癖を発揮すれば，その影響はブロックされ，客0のところまでは来ない。すなわち，客kの着席時刻を$t(k)$とすると，

$$t(-j) < t(-j+1) < \cdots < t(-1) < t(0) > t(1) > \cdots > t(i-1) > t(i)$$

が成り立つ場合にのみ，客0はナプキンを失う。$t(-j)$から$t(i)$までの時刻を並べたとき，どういう順になるかについては$(i+j+1)!$通りの可能性があるが，上のような順になるためには，最後の時刻$t(0)$の右側に来るi個の時刻を選べるにすぎないから，${}_{i+j}C_i$しかない。したがって，実際に着席時刻が上のようになっている確率は${}_{i+j}C_i/(i+j+1)!$であり，iとjについて総和を取ると，結局，客数が全部でn人の会食では，客0がナプキンを失う確率は

$$P(n) = \sum_{i \geq 1, j \geq 1, i+j \leq n-1} \frac{1}{2^{i+j}} \cdot \frac{{}_{i+j}C_i}{(i+j+1)!}$$

となる。さらに$k = i+j$とおいて，整理すると

$$P(n) = \sum_{k=2}^{n-1} \frac{1}{2^k(k+1)!} \left(\sum_{i=1}^{k-1} {}_kC_i \right) = \sum_{k=2}^{n-1} \frac{2^k-2}{2^k(k+1)!}$$

となる（最後の等号は2項定理から得られる）。この確率$P(n)$はどの客についても同じだから，全体では平均で$nP(n)$人がナプキンを失うことになる。

　各客がナプキンを失う確率$P(n)$はnについて単調増加であるが，式からわかるようにnの増加とともに急速に収束する。その極限値は$(2-\sqrt{e})^2 \simeq 0.1234$であるが，近似値でよいなら$P(n)$の式に$n=10$くらいを代入することで簡単に求まる。帽子屋にいじわるされた場合の値，約$1/6 \simeq 0.1667$に比べて，たいしてよくなっていないのを見ると，帽子屋を締め出すより，やはり全員にマナー教育をするほうが賢明なようだ。

　さて，上の極限値を元の式から直接求めるには，いささか面倒な計算と知識が必要なようだが，はじめからnが無限大に近づいた場合の極限値だけを求めるの

なら，微積分を用いた次のような巧妙な計算方法がある．微積分計算に拒否反応のない読者のために簡単に紹介しよう．全客をある単位時間内に席に案内するのならば，各客の着席時刻は単位区間 [0, 1] 内の独立で一様な乱数とみてよい．今，ある客の着席時刻を t とすると，そのとき自分の右のナプキンがすでになくなっている確率は，t の関数であり，それを $p(t)$ としよう．そういうことが起こるのは，その右隣の客の着席時刻を s とすると，$t > s$ であり，かつその右隣の客が座ったときに両側のナプキンが残っていた（確率 $1 - p(s)$）のに左を選んだ場合（確率 $1/2$）か，その時点ですでに右側のナプキンはなかった（確率 $p(s)$）ので仕方なく左のナプキンを取った場合である．したがって

$$p(t) = \int_0^t \left(\frac{1 - p(s)}{2} + p(s) \right) ds = \int_0^t \frac{1 + p(s)}{2} ds$$

が成り立つ．この方程式は比較的簡単に解け，$p(t) = e^{t/2} - 1$ が得られる（この種の方程式を解くのがあまり得意でない人でも，これを上の式に代入して，正しく解になっていることは簡単に確かめられよう）．客が時刻 t に着席したときに，左のナプキンがすでになくなっている確率も同じだから，結局，ナプキンにあぶれる確率は $p(t)^2$ である．最後に，各客が到着する時刻は区間 [0, 1] で一様な乱数だから，平均すれば

$$\int_0^1 p(t)^2 dt = \int_0^1 (e^{t/2} - 1)^2 dt = (2 - \sqrt{e})^2$$

が，各客がナプキンを失う確率である．この積分によるアプローチはなかなか優れていて，例えば，全部で n 人の場合，一番最後に着席する客がナプキンを失う確率は $P(n)$ に似た式

$$Q(n) = \sum_{k=2}^{n-1} \frac{2^k - 2}{2^k \cdot k!}$$

で与えられることが，先と同様の論法で示されるが，この値は当然 $p(1)^2 = (\sqrt{e} - 1)^2 \simeq 0.4208$ に収束することなどもわかる．

第75話 無礼講での握手回数

　第74話で述べたトランプ王国の晩餐会の顛末である。久しぶりの晩餐会とあって，宴が進むにつれて羽目を外す者が続出して，しまいには厨房に閉じ込めておいたはずの三月ウサギや帽子屋も闖入し，言いたい放題やりたい放題のハチャメチャ宴会と化した。ハートの女王の口から「今宵は無礼講じゃ」の一言は出るはずもないが，実際は無礼講同然の有り様。女王は悪口雑言の集中砲火を浴び，口癖の「首をはねよ！」を3秒毎に発していたものの，その命令を実行すべき兵自身が悪口に加担していたのだから，もちろん何の効果もない。

　どうやらこの騒ぎのきっかけは，誰かがやたら握手を求めたことだったらしい。最初のうちは王侯や兵士が入り乱れて賑やかに握手会が続いていた。この様子を見て，トランプ王室の人間関係に興味を持ったスペードのエースは，自分も含め

て兵士や王侯の誰が誰と握手したかを調べてみた。騒ぎの初期段階だったこともあり，皆がよく覚えていて調査は順調に進んだが，その結果はなかなか興味深いものになった。各人の社交性には結構ばらつきが多く，ほとんど握手しなかった者からほぼ全員と握手した者まで，各人の握手した相手の人数はまちまちだったのだ。

さて，ここで問題である。握手の相手の数がまちまちだったとはいえ，52人の中には握手した人数が同じであるような2人が必ずいることを証明してほしい。念のため付け加えると，同じ人と2回以上握手した場合も1人としてしかカウントしない。握手会に参加したのはトランプ王国の52人だけだ。

実は，スペードのエース自身を除くと，他の51人は，握手した人数が全員まちまちだった。ということは，先の問題と合わせると，スペードのエースと握手人数が同じだった人が他に1人いることになるが，その握手人数が何人かわかるだろうか？

さらに，この調査結果をスペードの王侯と兵士だけに制限してみると，エースを除く各スペードたちは，異なる人数のスペードたちと握手していたことがわかった。この場合，エースが握手したスペードの人数は何人だったかわかるだろうか？

第75話の解答

最初の問題で，各人が握手した人数は，0人から（自分を除くので）51人までのどれかである。したがって，スペードのエースを入れて全部で52人が握手した人数が全員まちまちだとすると，握手人数が0から51までの人が1人ずついることになるが，それは不可能である。なぜなら，51人と握手した人は自分を除く全員と握手したわけであり，それには握手人数が0人の人が含まれ，これは矛盾である。

次にスペードのエースを除く51人の握手人数がすべて異なる場合だ。先と同じ理由により，握手人数が0と51の人が共存することはできない。したがって，51人のそれぞれの握手人数は0から50までか，1から51までかのいずれかである。前者であったとして，誰とも握手しなかった人を仮にハートの王としてみよう。すると50人と握手した人（仮にクラブのエースとする）はハートの王以外

の（スペードのエースを含めた）全員と握手したわけだ．次に，握手人数が1人の人（ハートの女王としよう）はクラブのエースとは握手しているので，他の誰とも握手しなかったことになる．さらに，握手人数が49人の人は，ハートの女王と王を除く全員と握手したことになる．こうして続けていくことで，握手人数が0，1，…，25の人はスペードのエースと握手したはずがなく，握手人数が50，49，…，26の人はスペードのエースと握手したはずであることがわかる．したがって，この場合スペードのエースの握手人数は25人である．

スペードのエースを除いた51人の握手人数が1から51の場合も同様に進められる．この場合，51人と握手した人（クラブのエースとする）はスペードのエースを含めた全員と握手したわけであり，1人だけと握手した人は，クラブのエース以外の誰とも握手しなかったわけだ．以下，やはり同様に，握手人数が51，50，…，26の人はスペードのエースと握手し，人数が1，2，…，25の人はスペードのエースと握手したはずがないので，スペードのエースが握手した人数は26人である．結局，スペードのエースが握手した人数は，25か26であるが，どちらであるかを定めるすべはない．

一方，スペードだけに限定した場合，握手人数が0と12という2人は共存できず，エース以外の12人の握手人数がすべて異なるから，人数は0から11までか，1から12までにわたる．前者の場合，先と同様に，握手人数が0，1，2，3，4，5の人はエースと握手したはずがなく，握手人数が11，10，9，8，7，6の人はエースと握手したはずだから，エースの握手人数は6人となる．後者の場合，握手人数が12，11，10，9，8，7の人はエースと握手したはずで，1，2，3，4，5，6の人はエースと握手したはずがないから，この場合も6人だ．だから，どちらにしてもエースの握手人数は6人と確定する．

一般には，エースを含めた調査対象の人数が奇数$2n+1$の場合，エース以外の握手人数がすべて異なるなら，エースの握手人数はnと確定する．調査対象の人数が偶数$2n$の場合，同じ状況下でのエースの握手人数は$n-1$かnだが，そのどちらであるかはわからないといえる．

第76話 マハラジャの新しい賭け遊び

　例のマハラジャ出身でないかと噂されるお大尽がハンプティ・ダンプティのところに相談に来ていた。何かと金品をばらまくのが大好きなお大尽ではあるが，ただお金を配るよりも，面白くて頭を使う遊びはないかというわけだ。相談を受けたハンプティ・ダンプティもゲームや勝負事が大好きであり，何か楽しい企画はないかと思っていたところだったので，次のような賭けを案出した。

　やり方は簡単だ。例えば，アリスを相手にするとしよう。お大尽は，アリスに見えないように，2枚の紙片それぞれに異なる数値を書く。アリスは，どちらか好きなほうの数値を見せてもらい，それがもう一方より大きいかどうかに賭ける。当たれば，お大尽は銀貨1枚をくれるし，外れればアリスが銀貨を1枚支払わねばならない。

　どちらが大きいかは五分五分と思えば，一見，この賭けは平等に見えるが，実

はそんなことはない。ポイントは，アリスが一方の数値を見た後で賭けるところにある。うまく戦略をたてれば，アリスは勝率を1/2よりも大きくすることができるのだ。

読者には，まずウォーミングアップ問題として，お大尽が（通常の立方体の）サイコロを2つ振って2枚の紙片にその目の数を書き込んでいる場合を考えていただこう。その場合のアリスの戦略はどういうもので，その戦略によるアリスの勝率はどうなるだろうか？ 2つのサイコロの目が同じだったならば，振り直すことにする。

次に，0以上1以下の実数から数値を2つ選び，どの値が書き込まれる可能性も平等の場合を考えていただこう。数学の言葉で表現すると，[0, 1]閉区間に値をとる独立な一様乱数2つを用いる場合である。

上の2つの問題を考えれば，この賭けがアリスにとって有利なことが多いということは納得してもらえるだろう。では，もしお大尽が2つの数値をどのようにして決めているかについてまったく情報がない場合はどうだろうか？ その場合でもアリスには勝率を1/2よりも大きくできるような戦略があるだろうか？ これが第3問だ。

これまでの問題では，比較する2つの数値のうち，どちらを見るかをアリスが決めることができた。最後の問題としては，これを決めるのがハンプティだったとしたらどうなるかを考えていただこう。ハンプティは，お大尽と違って意地悪が大好きだ。もちろん，この場合には，2つの数値を見比べた上で，アリスの勝率が下がるように見せる数値を決めてくるに違いない。簡単のため，お大尽は，紙片に記入する2つの数を決めるのに[0, 1]閉区間の独立な一様乱数を使っているものとしよう。

第76話の解答

最初の問題，すなわちマハラジャがサイコロを振って数値を決めている場合のアリスの戦略は明らかだろう。見た数値が1～3ならば，他方より小さいと予想し，逆に4～6ならば，他方より大きいと予想すればよい。この戦略による勝率を計算してみよう。見たのが1ならば，他方は2～6のどれかだから，勝率は1

である。見たのが2ならば，他方は1か3〜6のどれかで，1以外は当たりだから勝率は4/5である。見たのが3ならば，他方は1〜2か4〜6のどれかで，1〜2以外は当たりだから勝率は3/5である。見たのが4, 5, 6ならば，予想は逆になり，それぞれ勝率は3/5, 4/5, 1である。見る数がどれになるかについては，その可能性が明らかに平等なので，結局，アリスの勝率は全体では，

$$\frac{1}{6}\left(1+\frac{4}{5}+\frac{3}{5}+\frac{3}{5}+\frac{4}{5}+1\right)=\frac{4}{5}$$

である。

　次の問題，つまり，マハラジャが [0, 1] 区間の一様乱数で数値を決めている場合も同様だ。見た数が1/2以下ならば他方より小さいと予想し，1/2より大きければ他方より大きいと予想すればよい。アリスの勝率が3/4になることは簡単な思考実験でもわかるだろうが，あえて積分で厳密に計算すれば

$$\int_0^{1/2}(1-x)\,dx+\int_{1/2}^1 x\,dx=\frac{3}{4}$$

である。

　実は，この結果は，紙片に書かれる2つの数値が独立で同一な確率分布を持つ場合に一般化される。アリスの戦略は，見た数値αまでの累積確率 $\Pr(x<\alpha)$ が1/2以下なら，他方より小さいと予想し，1/2より大きいならば他方より大きいと予想すればよい。分布が連続ならばアリスの勝率は3/4であり，連続でなくとも3/4以上にはなる。

　以上の結果は，確率分布が同一で，アリスにとって既知の場合である。3問目は，確率分布が未知の場合でもアリスは1/2より大きい勝率をおさめることができるかという問題だ。驚くべきことかもしれないが，この場合でも，勝率が1/2を超えることが期待できる戦略はある。やり方は簡単で，アリスは，ある数値を決めて，見た数がそれ未満だったら，他方のほうが大きいと予想し，それ以上ならば他方が小さいと予想すればよい。

　アリスが決めた基準となる数値をsとし，紙片に記された2つの数をa, bとしよう。もし，a, bがともにs未満だとすれば，アリスは，見たのがどちらであろ

うと他方のほうが大きいと予想することになる。どちらを見るかは半々だから，この場合，アリスの勝率は1/2になる。a，bがともにs以上の場合，アリスの予想は，「見たほうより他方のほうが小さい」になるが，この場合も同様に勝率は1/2になる。しかし，sがa，bの間にある場合は様子が異なり，少し考えればわかるようにアリスの予想は当たる。要約すれば，この場合がある分だけ，賭けはアリスにとって有利になりうるのだ。

　2つの数値a，bの確率分布がわからないと，アリスには基準sを決める材料は何もない。sはでたらめに決めるしかなく，マハラジャがa，bをかなり狭い範囲から選んでいれば，sがその2つの数値の間に入ることはめったにないから，勝率が1/2をあまり大きく超えることは期待できない。それでも1/2より下がることはないので，アリスのとれる戦略としては最善かもしれない。それに，分布そのものがわからなくとも，累積確率$\Pr(x \leq \alpha)$が1/2を超える点α（このような点は中央値と呼ばれる）がわかれば戦略は大変効果的であり，基準sにその中央値を選ぶことで3/4以上の勝率を上げることができる。また，マハラジャがa，bを決めるのに別々の確率分布を使っていれば，この戦略によるアリスの勝率は一般に上がると考えられる。

　最後の問題は，a，bの値を知っていれば，ハンプティがアリスに意地悪をすることができるだろうかというものだ。もちろん，意地悪といっても限界はある。ハンプティがどんな戦略をとっても，アリスは，自分の予想をコイン投げで決めることができるから，勝率が1/2を下回ることはない。しかし，ハンプティがうまい戦略を使えば，マハラジャが選ぶ2つの数値の分布が[0, 1]閉区間の一様乱数だとわかっていても，アリスには勝率を1/2より少しも高くすることができないのだ。

　ハンプティの戦略は単純で，a，bのうち1/2に近いほうをアリスに見せるというものだ。ハンプティがアリスに見せたほうの数値をaとして，$a<1/2$だったとしよう。すると，条件より$b<a$か$b>1-a$（$>a$）のどちらかだが，このどちらも等確率で生ずるので，a，bのどちらが大きいかも五分五分だ。$a>1/2$だった場合も同様で，$b>a$か$b<1-a$（$<a$）のどちらかが等確率で生ずる。よってアリスがどんな方針で臨もうと，勝率は1/2になる。

165

第77話 コイン配置で勝負

　アリスは，ハンプティ・ダンプティとともに，久しぶりにトウィードルダムとトウィードルディーの双子兄弟をたずねてみた。すると，2人は，なぜかテーブルに1枚の紙を広げ，手元にたくさんのコインを積んで睨み合っていた。広げた紙の上にもコインが置かれている。そばには円をたくさん描いた紙が何枚かと足を開いたコンパスが2つ散らかっていた。

いつも興味津々のアリスが「何してるんですか」と聞いてみると，例によって双子が喧嘩していたら，仲裁に入った伯父さんが新しいゲームを教えてくれて，今はそれで勝負をしているところだという。

　「ルールは簡単なんだ。まず，先手が紙の上に好きな図形を描く。そのあとは，後手から始めて紙の上に半径1cmの円を交互に描いていくというだけのゲームだよ」とダム。

　「円の描き方にはもちろん制限がある」とディーが説明を引き継ぐ。「まず，円の中心はどこに置いてもよいが，最初に先手が描いた図形の中になければならない。円自体は，一部が図形の外にはみ出してもかまわないんだけどね。あと，円同士は互いに重なってはいけない」。「そうして続けていくと，やがて重ならずには新しい円が描けなくなるだろ。その時の手番の者が負けだ」とダム。

　「それで試しに何回かやってみたんだけど，コンパスで円を描くのが面倒くさいなと思っていたら，このコインの半径がちょうど1cmだったことを思い出してね」とディーが自分の思いつきを自慢げに言う。

　「円を描く代わりにコインを載せていけばいいだろ。でも問題が少しあって，コインの中心が図形の中にあるかどうかの判定で意見が食い違うかもしれない。そこで，その判定を君たちにお願いできると助かるんだけど……」

　ということで，2人の喧嘩に巻き込まれてしまった感のあるアリスとハンプティだが，この辺で，読者には，簡単な問題でウォーミングアップをしてもらいたい。まず第1問としては，先手が最初に描く図形として長方形を選ぶと，先手には勝ち目がないということを証明していただこう。第2問としては，先手が自分の勝ちを確定するためには最初にどういう図形を描けばよいかを考えていただきたい。

　ゲームを実際に少しやってみるとわかると思うが，先手が描いた図形が小さく，少ない手数でコインが置けなくなるような場合は，勝負を読み切れることが多い。特に描く図形は単連結でなければならないという制限がある場合（「単連結」という数学用語は，厳密に定義するのはいささか面倒だが，平面図形の場合，多角形や円のように，1つながりの閉曲線を境界に持つ図形と考えればよい），先手が勝つのは容易ではないようだ。調べてみると面白いだろう。

　双子は，先手が描く図形は単連結でなければならないとした上で，円が50個

以上描かれる前に勝負がついた場合は引き分けとするという規定を入れてゲームをしていた。ハンプティは，散らばっている紙を拾い上げ眺めていたが，「ふーん。これは三角形の上で勝負したんだね。なるほど，ただの三角形とはいえ，これだけ大きいとなかなか勝負がつかないな。結局，100個目の円を描いた後，101個目がどうしても描けなくなってどちらかが負けたわけか」と言ったあと，突然，奇妙なことを言いだした。「おう，面白いことに気がついたぞ。ということは，半径1cmの円が400個あれば，この三角形はそれらで完全に覆い尽くせるわけだ」。

アリスも双子も，これをキョトンとして聞いていたが，読者には，最後の問題として，このハンプティの言葉の根拠を考えていただきたい。

第77話の解答

まず，最初の2つの問題は，すぐにわかるだろう。先手が最初に長方形を描いてしまうと，勝てないということは，後手側の戦略を考えるとよい。後手は1手目に長方形の中央にコインを置き，あとは先手がコインを置いたのと点対称な位置にコインを置いていく。この戦略は，長方形でなくとも，一般に点対称な単連結図形に対して有効であり，この戦略をとられると，先に手詰まりになるのは先手である。

次の問題も上の戦略を逆手にとると，簡単にわかる。例えば先手は大きな長方形を描き，その中央から半径2cmの円を除いて置けばいい。あとは，後手がコインを置いたのと点対称な位置にコインを置いていくようにすれば，後手が先に手詰まりになる。この図形は中央が除かれているので単連結でないが，単連結の図形で先手に勝利をもたらすものがあるかどうかは詳しく調べないとわからないようだ。そのような図形で簡単なものがあればお教えいただきたい。

さて，最後の問題は，ゲームの勝敗とは無関係なものだが，ちょっと気が付きにくいアイデアを使うので一緒に出題してみた。まず，勝負がついているということがどういうことか考えてみよう。100個の円が描いてあるが，101個目の円を描こうとすると，すでにある100個の円のどれかと必ず重なってしまうということだ。今，描こうとしている円の中心をO，すでに描かれている100個の円の

中心をO_1, O_2, …, O_{100}とすると，これはOとO_iのどれかとの距離は2cm以下ということにほかならない。つまり，O_iを中心に半径2cmの円を描けばOはその円の中に入るということだ。Oが三角形内のどの点であってもそうなるということは，三角形全体が半径2cmの円100個で完全に覆われているということになる。ところで，どんな三角形も，下図のように，同じものを4つ合わせれば2倍のサイズの相似な三角形になる。

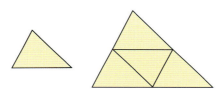

したがって，構成する各三角形を半径2cmの円100個で覆っていけば，この拡大された三角形は半径2cmの円400個で覆われることになり，さらに全体を1/2に縮小すれば，元の三角形を半径1cmの円400個で覆った図が得られる。

上記は，図形が三角形の場合の証明になっているが，一般の三角形や平行四辺形はもちろん，平面図形には，4つ合わせると元のちょうど2倍の相似図形が作れるものが，他にもたくさん知られている（下の図）。それらの図形についても証明は有効だ。このように複数集めて元と相似な図形が作れるものをレプタイル（Rep-tile）というが，複製数4のレプタイルは特に多い。

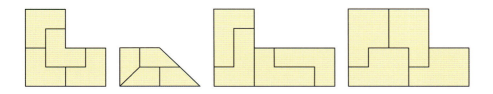

第78話 定期的エサやりシステム

　トウィードルダムとトウィードルディーの双子兄弟が，白騎士の新しく発明した装置の実験を手伝っていた。新装置といっても何のことはない。ただのLED点滅器である。

　LED点滅器には発明の依頼主が飼っているハムスターのエサやり器がつながっていて，ピカッと明滅すると同時にエサのペレットが1粒ポロリと出てくる仕掛けになっている。明滅は完全に周期的で，ハムスターは1時間ごとにエサのペレット1粒にありつくという寸法だ。次のペレットが出てくるまでに1時間空いているのは食べすぎないようにという配慮からだろう。

ただ不思議の国や鏡の国では，ペットといえども自己主張が激しく，通常の主食用ペレットだけだと，「飽きた」と言ってハムスターからクレームがこないとも限らないから，ときにはおやつといった役どころで，ヒマワリの種も与えたいというのが飼い主の意向だ。そこで，急遽，エサやり器を増設し，そちらからはヒマワリの種が出てくるようにした。そのかわり，ハムスターが太りすぎないように，ヒマワリの種を与えた分だけ，ペレットを減らそうということで，両エサやり器の明滅間隔を調整したので，それがうまくいっているかどうかの確認実験である。

双子がそれぞれの装置のスイッチを同時に押すと，最初ピカッと明滅して，両装置からペレットとヒマワリの種がそれぞれ出てきて，動作を開始した。最初の1時間がたっても何も出てこなかったので，ハムスターからブーイングがくるのではと双子が構えていると，やがて片方の装置が明滅し，ポロリとペレットが出てきた。その後は順調で，始動後 t 時間（t は正の整数）から $t+1$ 時間の間には，必ずどちらか一方が明滅し，ペレットかヒマワリの種が出てきて，逆にその1時間の間に両装置がともに作動することはなかった。

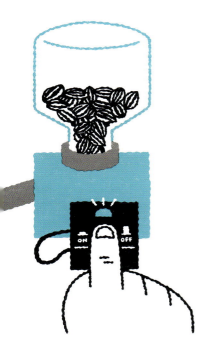

さて，読者への問題である。上の装置によると，ヒマワリの種も，ペレットも，それぞれ完全に等間隔で出てくるという。もし，ヒマワリの種が出てくるのが α 時間おきだったとしたら，ペレットが出てくる間隔はどのくらいであろうか？　もちろん α が1より大きい数値であることは明らかだろう。

実は，上の実験で双子が観察したことは，珍しい偶然ではない。すなわち，α が1より大きい無理数とすれば，ペレットの点滅器の間隔をうまく設定することで，始動後のある整数時間から次の整数時間までの間に，ペレットかヒマワリの種のどちらかが必ず1つ出てきて，両方が出てくることがないようにできる。そのことを証明していただくのが次の問題だ。

第78話の解答

　最初の問題は，一見，手をつけにくいような印象であるが，実は，長いタイムスパンで考えたとき，ヒマワリの種とペレットがトータル平均では1時間に1個ずつ出てくるということに気づけば簡単な計算で答えにたどり着く。仕事算の簡単な応用だ。

　まず，ヒマワリの種は，出てくるのがα時間おきだから，1時間当たりに換算すると平均で$1/\alpha$個が出てくる計算になる。ここで，ペレットが出てくる間隔がβ時間おきとすると，ペレットは1時間当たりに換算すると$1/\beta$個が出てくるので，1時間平均の合計が1個になるためには$1/\alpha+1/\beta=1$が満たされねばならない。この式をβに関して解くと，$\beta=1/(1-1/\alpha)=\alpha/(\alpha-1)$だから，これがペレットが出てくる間隔にほかならない。

　さて，次の問題だが，証明すべきことは非常に不思議な感じのする内容だ。平均でペレットかヒマワリの種のどちらかが1時間に1個というのは，自然な要求であるが，装置の作動始めを0時として，ある整数時刻と次の整数時刻との間の1時間をとると，必ずどちらか一方だけがただ1つ出るという。それは本当に起こることだろうか？　保証したいのは「平均で」1時間に1個ということだけだから，ある1時間という特定の時間枠をとったとき，その中では1つもエサが出ないことがあっても，ペレットとヒマワリの種の両方が出ることがあっても不思議ではない。もちろん，ピッタリ1時間ごとにどちらかが出るような仕掛けになっていれば，どの1時間枠をとってみてもそのようになるが，その場合はペレットとヒマワリの種をそれぞれ単独でみたときには等間隔で出てくるようになっていない。

　ポイントは，調べるのがいつもある整数時刻から次の整数時刻までの1時間の枠だということにある。この前提を崩すと，そうならない例を見いだすのは易しい。例えば1時半から2時半までの間ならば，ペレットとヒマワリの種が両方出てくるように2つの装置の明滅間隔を設定するには，例えば，$\alpha=(3+\sqrt{3})/2$，$\beta=\sqrt{3}$とすればよい。すると約1.73時にペレットが出てきて，約2.37時にヒマワリの種が出る。逆にその時間枠にはどちらも出てこないように設定することもできる。例えば$\alpha=2+\sqrt{2}$，$\beta=\sqrt{2}$とすると，約1.41時にペレットが出た後は，

約2.83時に2つ目のペレットが出るまでは何も出てこない。ところが，この2つの場合でも，例えば2時から3時までというような整数時刻の枠の中では，どちらか一方だけが必ず出てくるのだ。

　それを証明するためには，m個目のヒマワリの種が出てくる時刻は$m\alpha$であり，n個目のペレットが出てくる時刻が$n\beta$であることに注意しよう。ある整数時刻tから始まる1時間の間にヒマワリの種とペレットの一方が必ず出てきて他方が出てこないことを示すには，任意の正の整数tに対して，それより小さい$m\alpha$および$n\beta$という形の数値がいくつあるかを数え，その合計がtの増加とともに1つずつ増えていくことを証明すればよい。条件$m\alpha < t$は，$m < t/\alpha$と同値である。このような整数mは明らかに$\lfloor t/\alpha \rfloor$個ある（$\lfloor x \rfloor$は，xを超えない最大の整数，すなわちxの小数点以下の切り捨てを表す）。同様にt未満の$n\beta$型の数値は$\lfloor t/\beta \rfloor$個ある。したがって，問題の数値は合計で$\lfloor t/\alpha \rfloor + \lfloor t/\beta \rfloor$個あるが，先に見たように$1/\alpha + 1/\beta = 1$だったから，$t/\alpha + t/\beta = t$である。仮定より$\alpha$は無理数だから$t/\alpha$も$t/\beta$も決して整数になることがない。したがって$\lfloor t/\alpha \rfloor + \lfloor t/\beta \rfloor = t-1$である。$t$より1小さいのは，0時から1時までの間はどちらの装置からもエサが出ないことを反映している。

　この問題の元になっている事実に最初に気がついたのは，英国の物理学者レイリー（Rayleigh）卿で，それゆえ，レイリーの定理と呼ばれることがある。ご存知の読者もおられるだろう。日経サイエンスの数学パズルのコラムでは大先輩にあたる一松信先生から，ご著書『石とりゲームの数理』（森北出版，POD版が出ている）の中にこの定理についての記載があるとのご指摘をいただいた。筆者もそのことは承知の上でパズルの題材とさせていただいたのだが，一松先生は，上の内容だけでなく，その逆の証明をお送りくださった。つまり，整数時刻から次の整数時刻までの間に2つの装置のどちらか一方のみが必ず明滅し，かつ一方の装置にのみ着目したときは，明滅が完全に等間隔であるとする。そのとき，その2つの装置の明滅間隔をαとβとすると，それらは$1/\alpha + 1/\beta = 1$を満たす無理数でなければならないということの証明だ。ここに記して感謝申し上げる。

第79話 園遊会でのゲーム

　鏡の国のチェス王宮で園遊会を行うという。不思議の国のトランプ王室の王侯たちや，なぜかお茶会3人組なども招かれてにぎやかそうだ。アリスも，一応見習い女王という資格があるので，名目だけだがホスト側として参加した。

　さすがにチェス王宮というだけのことはあり，庭園は全体が正方形で，たくさんの四角のマス目に仕切られて相当遠方まで続いている。芝だけのマス目と色とりどりの花々で飾られたマス目が1つおきに配置されているので，ちょっと見た目には市松模様が描いてあるかのように見え，いかにもチェス盤を彷彿とさせる。

　園遊会といっても，ゲーム好きのチェス王室のことだから，花などの自然を愛でているのは始まってからわずかな時間だけで，ホストや客自身が駒になって，チェスやチェッカーなど様々なゲームが始まった。

　赤白の女王もなにやらゲームらしいものを始めたので，アリスはその見学だ。ルールを聞くと，「なんじゃ，見習いとはいっても，そういうことも知っておかんとな……。ほら，あそこに白い大きな花が咲いていて目立つマス目があるじゃろう」と赤の女王。そして手にした小さなジョウロを見せ，「そこへ行って，あの花に水をやるのが目的じゃ」。

　「えっ，どうしてそれがゲームになりうるの？」という顔をアリスがしたので，

「ジョウロは1つしかないじゃろ」と白の女王が説明を加える。「これを赤の陛下とわらわとで代わる代わるに持つのじゃ。持っている間にできることはただ1つ。縦横斜めのいずれかの方向に好きなだけ進むこと。つまり，普通のチェスでわらわたちができる1手分の動きじゃ。あの白い花のマス目に着いたとき，ジョウロを手にしていたものが水やりの権利を持つ。つまり勝ちということじゃな」。

「ああ，そうそう」と赤の女王が補足する。「ジョウロを持って花から遠ざかる動きをすることは禁じられている。ゲームがいつまでも終わらないと困るからのう」。

ゲームのルールをもっと数学的に述べてみよう。白い花のマス目の座標を$(0, 0)$として，女王たちがいるマス目の座標を(m, n)（mとnは非負の整数）とするなら，どちらの女王も（ジョウロを持って）1手でできる動きは，次のいずれかを満たす座標(m', n')のマス目に行くことだ。

・$m' = m,\ 0 \leq n' < n$（縦に進む）
・$0 \leq m' < m,\ n' = n$（横に進む）
・$0 \leq m' < m,\ 0 \leq n' < n,\ m - m' = n - n'$（斜めに進む）

ここで，読者への問題であるが，座標$(4, 6)$にいた場合にそのときジョウロを持っている者（先手と呼ぼう）はどこへ進むのがよいだろうか？　また座標が$(4, 8)$や$(5, 9)$にいた場合はどうだろうか？　さらに余裕のある読者は，一般に後手が勝ちになる座標を特徴づけていただきたい。また，先手勝ちの座標にいた場合に，先手の次の1手を一般的に述べられるだろうか？

アリスが女王たちと別れて庭園内を巡っていると，今度はトゥィードルダムとトゥィードルディーの双子が似たようなゲームをやっているところに出くわした。ゲームの目的ややり方はほぼ同じだが，ゴールの位置は横にまっすぐマス目を進んで行けばよい位置にある。だから女王たちと同じルールなら初手でゴールまで進んで先手の勝ちであるが，双子のゲームでは進んでよいマス目数に制限がある。初手では途中までなら好きなマス数を進んでよいが，ゴールまで一気に行くのは反則だ。その後は直前に相手が進んだマス数の2倍まで進むことができる。例えば初手に4マス進んだとしたなら，次に進んでよいのは1から8マスまでの間だ。

さて読者には，このゲームで先と同様のことを考えていただこう。例えば，ゴールの座標を0とし，双子の座標を6とするなら，先手は最初に何マス進むのがよいだろうか？　最初の座標が10, 12だったとしたらどうだろうか？　一般的

に後手勝ちになる座標を特徴づけできるだろうか？　先手勝ちの座標にいた場合，先手の第1手を一般的に述べられるだろうか？

第79話の解答

どちらのゲームも，かなり古くから知られているものだ．似て非なるゲームだが，関連がありそうな戦略を持つので一緒に紹介してみた．

まず，最初の女王たちのゲームであるが，これは，別名ワイトホフ（W. A. Whythoff，オランダの数学者）のゲームと呼ばれているもので，組み合わせゲーム理論を扱った多くの書物に記載がある．最初にお詫び申し上げるが，女王たちによる説明とその後の数学的な説明とでは，ルールにわずかに食い違いがあった．女王たちの説明では目標の座標から遠ざかる動きができないだけだから，例えば $(0, 4) \to (1, 3)$ とか $(0, 4) \to (-1, 3)$ とかいう動きは可能と考えられる．ユークリッド距離では $4 = \sqrt{16} \to \sqrt{13}$ で確かに減少しているからだ．一方，その後の数学的な説明では，両座標値はどちらも，増加することや負の値をとることが許されないのでこのような動きは禁じられる．やや混乱を招く記述だったが，以下ではルールとして数学的説明のほうを採用させていただこう．ワイトホフのもともとのルール設定でもこの後者の説明が正しい．

さて戦略だが，第78話の解答（172ページ）とも深く関わっている．『石とりゲームの数理』（森北出版，POD版の中で，一松信先生は「チャヌシッツィ」という名でワイトホフゲームの変形の1つを扱っておられ，その戦略と第78話の解答中の「レイリーの定理」（著書の中での呼び名はヴィノグラドフの定理）との関係についても述べておられる．他にも，佐藤文弘氏の『石取りゲームの数学』（数学書房）など，このゲームに触れた書物はあるので，詳しいことを知りたければ参考にされるとよい．

すぐにわかるように，女王たちがいる座標が $(0, n)$，$(n, 0)$，(n, n) $(n>0)$ の場合，先手は1手で $(0, 0)$ に行って勝つことができる．ということは，座標 $(1, 2)$ と $(2, 1)$ は，そこから先手勝ちの座標にしか行けないので後手勝ちだ．以下，グラフ用紙を使って，各座標を順次つぎのように「後手勝ち」と「先手勝ち」に分類していくことができる．まず，座標 $(0, 0)$ のマス目に○をつけ，そこに1手

で行ける全マス目に×をつける（右図の左）。次にまだ○×をつけていない一番左下のマス目に○をつけ，そこに1手で行けるマス目に×をつける（右図の右）。こうして，まだ印のない一

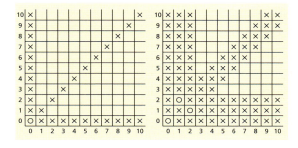

番左下のマス目に○をつけ，そこに1手で行けるマス目に×をつけるということを繰り返すと，右下の図が得られるが，この図で○のマス目が後手勝ちで，×が先手勝ちであることは，言うまでもあるまい。

したがって，現在×（先手勝ち）のマス目にいるなら，そこから1手で行ける○（後手勝ち）のマス目が存在するから，そこに進めばよい。例えば (4, 6) からなら左下の (3, 5) へ進めばよい。また (4, 8) ならば1つ下の (4, 7) へ，(5, 9) なら (5, 3) まで下へ一気に6マス進めばよい。以後の動きも簡単だ。○のマスから1手で進めるのは×のマスばかりだから，さらにそこから，また○へ進むようにしていれば，自然に勝利に導かれる。

したがってこのような○×表を前もって作っておけば，必勝戦略を持つ側は，さほど苦労せずに勝つことができるが，盤面がもっと広くて，例えば，座標 (1000, 2000) からはどう動けばよいかというと，表を作るのもかなり煩雑な作業となる。だが，なんとなく見て取れるように表の中の○の配置は，大体だが，原点を通る2本の直線上に分布している。これは偶然ではない。当然だが，表の作り方から縦横や右上がり斜め（傾き1）の直線上に2つの○が来ることはない。その条件を守りながら，左下から順に○を詰めていくとなんとなく直線的になりそうだとは想像できよう。

この○が配置される後手勝ちの座標 (x, y) がどうなっているか，数学的な解答を与えよう。これが第2問への答えになる。いささか天下り的ではあるが，i を正の整数とし，ϕ を黄金比 $(\sqrt{5}+1)/2 \simeq 1.61803$ として，$p_i = \lfloor i\phi \rfloor$ と定義する（$\lfloor x \rfloor$ は，x の小数点以下の切り捨て，すなわち x を超えない最大の整数を表す）。少し計算

してみると，$p_1=1$，$p_2=3$，$p_3=4$である。また$q_i=\lfloor i\phi^2 \rfloor$と定義する。例えば$q_1=2$，$q_2=5$，$q_3=7$である。実は$p_i$がわかれば$q_i$は簡単に計算できる。なぜなら
$$q_i=\lfloor i\phi^2 \rfloor=\lfloor i(\phi+1) \rfloor=\lfloor i\phi \rfloor+i=p_i+i$$
だからである。ここで整数の集合P，Qを$P=\{p_1, p_2, p_3, \cdots\}$，$Q=\{q_1, q_2, q_3, \cdots\}$と定義すると，$P\cap Q=\emptyset$，$P\cup Q=\{1, 2, 3, \cdots\}$となる。すなわち，すべての正の整数が$P$か$Q$の一方にのみ属する。これがなぜかという点で，第78話の解答にあるレイリーの定理が関わってくる。簡単な計算でわかるように$1/\phi+1/\phi^2=1$であり，ϕもϕ^2も無理数だからだ。よって，第78話で述べたように，tを正の整数とするとtと$t+1$の間には$i\phi$型か$i\phi^2$型の数値xがただ1つだけ存在し，$t=\lfloor x \rfloor$となる。

さて，前ページの表を見てもらえばわかることだが，○のついている座標は，ある正整数iについて，(p_i, q_i)か(q_i, p_i)の形をしている。その事実を厳密に証明するのは，かなりの紙面を要しそうなので，ここではその事情を説明するポイントだけに触れて，あとは自分で考えていただくのがよいだろう。一松先生や佐藤氏の本には丁寧な説明があるので，それを参照していただいてもよい。

先のように表を○×で埋めていって(p, q)に○がつけば，(q, p)にも○がつくことは操作の対称性から明らかだ。証明は基本的には数学的帰納法で進む。今，順次○×表を埋めていって

$(0, 0)$，(p_1, q_1)，(q_1, p_1)，$\cdots$，(p_n, q_n)，(q_n, p_n)

に○がついていると仮定し，次に○がつくのはどこかを考えてみよう。その座標を(p, q)と(q, p)とすると（$p\leq q$と仮定する），○が2つ縦横に並ぶことはないからpは0，p_1，q_1，$\cdots$，p_n，q_nのいずれとも異なることがわかる。そのような正の整数で最小のものがpの候補になる。すべての正の整数が集合PまたはQの一方のみに属することより，それはp_{n+1}だとわかる。では，次にqはどうだろうか？　○が斜め方向（傾き1の直線上）に2つ並ぶこともないから，$q-p$は$0-0=0$，$q_1-p_1=1$，$\cdots$，$q_n-p_n=n$のいずれとも異なることがわかる。よって$q-p=n+1$すなわち$q=q_{n+1}$が予想され，実際，(p_{n+1}, q_{n+1})と(q_{n+1}, p_{n+1})とがまだ○×のついていない一番左下のマス目であることを示すのはやさしい。

こうして，後手勝ちのマス目は，$(0, 0)$を含めて非負整数iにより(p_i, q_i)または(q_i, p_i)の形の座標を持つことがわかった。では，このゲームで先手勝ちのマス目(m, n)にいた場合，次の1手はどうすればよいだろうか。これは

基本的には簡単な問題だ。そこから行けるマス目で座標 (p_i, q_i) または (q_i, p_i) を持つものを探し，そこに移動すればよい。具体的に述べよう。$m=n$ なら一気に $(0, 0)$ へ進めばよい。$m \neq n$ なら対称性により $m<n$ と仮定してよい。$i = n - m$ とする。$p_i < m$ なら斜めに $m - p_i$ マス進めば (p_i, q_i) に到達する。$p_i = m$ なら，そこは後手勝ちのマス目なので，適当に進み相手のミスを期待するしかない。$m < p_i$ なら，$m \in P$ か $m \in Q$ か調べる。$m \in P$ なら $m = p_j$ なる j ($j < i$) が存在するので，縦に $n - q_j$ マス進めば $(m, q_j) = (p_j, q_j)$ へ到達できる。$m \in Q$ なら $m = q_j$ なる j が存在するので，縦に $n - p_j$ マス進んで $(m, p_j) = (q_j, p_j)$ へ到達できる。この「$m \in P$ か $m \in Q$ か」という判定は，いささか難しく思えるかもしれないが，表を持っていてもよいし，次のような計算でもできる。マス目 $(1000, 2000)$ にいる場合を例としよう。$i = 2000 - 1000 = 1000$ だから，$p_{1000} = \lfloor 1000\phi \rfloor = 1618$ で，$m = 1000 < 1618$ だから $1000 \in P$ か $1000 \in Q$ かを判定する必要がある。$1000/\phi \simeq 618.03$ かつ $1001/\phi \simeq 618.65$ だから，$618\phi < 1000$ かつ $1001 < 619\phi$ により，$1000 = p_j$ なる j は存在しない。逆に $1000/\phi^2 \simeq 381.97$ かつ $1001/\phi^2 \simeq 382.35$ だから，$1000 < 382\phi^2 < 1001$ により $1000 = q_{382}$ である。よって $(q_{382}, p_{382}) = (1000, 618)$ へ進むことで先手は勝てる。

$m \in P$ か $m \in Q$ かについては別の判定法もあるので，触れておこう。それはフィボナッチ数を利用するものだ。$F_1 = 1$, $F_2 = 2$, $F_{n+2} = F_{n+1} + F_n$ で定義される数 F_n をフィボナッチ数と呼び，黄金比 ϕ と密接な関係があることを読者はご存知であろう。一例を挙げると $F_n\sqrt{5} = \phi^{n+1} + (-1)^n \phi^{-n-1}$ である。実際に少し計算してみると，$F_3 = 3$, $F_4 = 5$, $F_5 = 8$, $F_6 = 13$, $F_7 = 21$, $F_8 = 34$, …などとなる。任意に与えられた正の整数をフィボナッチ数の和に分解することを考える。30を例にとる。まず，30を超えない最大のフィボナッチ数を求めると $F_7 = 21$ である。そこで $30 = F_7 + 9$ と分解する。次に，残った9を超えない最大のフィボナッチ数 $F_5 = 8$ をとり $30 = F_7 + F_5 + 1$ とする。さらに残った1はそれ自身フィボナッチ数 F_1 だから $30 = F_7 + F_5 + F_1$ となり分解完了だ。他の例をいくつか挙げると，$5 = F_4$, $10 = F_5 + F_2$, $40 = F_8 + F_4 + F_1$, $1000 = F_{15} + F_6 = 987 + 13$ などがある。これをフィボナッチ分解と呼ぶことにする。ある数のフィボナッチ分解には，F_n と F_{n-1} というような連続する2つのフィボナッチ数が出てこないという特徴がある。なぜなら，分解に $F_n + F_{n-1}$ というような部分が現れるなら，($F_{n+1} = F_n + F_{n-1}$ だから)

分解の定義によりその部分はF_{n+1}という形になっていなければならないからだ。

このフィボナッチ分解と$m \in P$か$m \in Q$かの判定とに妙な関係があるのだ。mをフィボナッチ分解して$m = F_p + F_q + \cdots + F_t$となったとする。気づきにくいが，この最後の項$F_t$の添え字$t$が偶数であることが$m \in Q$であるための必要十分条件である。そのことを短く厳密に証明するのは困難に思えるので，ここでは読者にとって多少ヒントになるようなことを述べるにとどめよう。tが偶数の場合，$m = q_j \in Q$と対になるp_jのフィボナッチ分解は，各添え字を1つずつ下げて，$F_{p-1} + F_{q-1} + \cdots + F_{t-1}$で与えられる。当然，最後の項$F_{t-1}$の添え字$t-1$は奇数となり，$p_j \notin Q$であることとつじつまが合う。また，$j$はさらに1つ添え字を下げて$j = F_{p-2} + F_{q-2} + \cdots + F_{t-2}$となる（ここで$t = 2$の場合，最後の項が$F_0$となることを気にされる読者がおられるだろうが，フィボナッチ数の定義を延長して$F_2 = F_1 + F_0$すなわち$F_0 = 1$と考えればよい）。上の例で確認すると，$m = 30 = F_7 + F_5 + F_1$の場合，F_1の添え字1が奇数だから$30 \in P$で，実際$30 = p_{19}$であり，$q_{19} = F_8 + F_6 + F_2 = 34 + 13 + 2 = 49$かつ$19 = F_6 + F_4 + F_0 = 13 + 5 + 1$である。また，$m = 1000 = F_{15} + F_6$の場合，6が偶数だから$1000 \in Q$で，実際$1000 = q_{382}$だ。さらに$p_{382} = F_{14} + F_5 = 610 + 8 = 618$，$382 = F_{13} + F_4 = 377 + 5$である。$m = 5, 10, 40$の場合も同様なので，確認されたい。

したがってmをフィボナッチ分解することで$m \in P$か$m \in Q$かは判定できる。これがm/ϕのような計算をするより簡単かどうかはわからないが，例えば，座標(F_{2i-1}, F_{2i})は後手勝ちのマス目だというような知見がただちに得られる。また，フィボナッチ分解は，iから$p_i = \lfloor i\phi \rfloor$や$q_i = \lfloor i\phi^2 \rfloor$を計算するのにも利用できる。$i-1$のフィボナッチ分解を$F_p + F_q + \cdots + F_t$とすると，$p_i = F_{p+1} + F_{q+1} + \cdots + F_{t+1} + 1$，$q_i = p_i + i = F_{p+2} + F_{q+2} + \cdots + F_{t+2} + 2$となるからだ。

双子のゲームについてはなるべく簡単に済まそう。まず，このゲームについてもルールを誤解させたかもしれないことをお詫びしたい。まっすぐにゴールへ向かうということを筆者は意図していたのだが，ジョウロを持って斜めに動いても，ゴールに近づくことはありうる。おそらく，そういう動きが可能だと誤解した人はおられないと思うが，そう誤解してかえって面白い結果にたどり着いた読者がおられれば連絡をいただけると幸いだ。

さて，双子のゲームでは，まっすぐにゴール（座標0）に向かうしかないとし

よう．したがって座標は1次元で考えればよく，女王たちのゲームのように2次元ではないので，その分は簡単になる．逆に，今度は前の1手で進んだマス数が次の手を決める因子として入り込むので，その分は複雑化している．まず，一気にゴールまで行ければ別だが，そうでない場合，ゴールまでの残りマス数の1/3以上を進むと，次に相手にゴールまでいきなり進まれて負けになることに気がつく．ということは，そういう手しかない初期位置の座標1，2，3は後手勝ちのマスだ．4は，そこから3に進むことで勝てるので先手勝ちだ．このように順次考えていくと，5は後手勝ち，6と7は先手勝ち，8は後手勝ち，9と10は先手勝ちである．もうパターンが見えてきただろう．そう，フィボナッチ数の座標を持つマス目が先手勝ちのようだ．

　ここで双子のゲームでの最初の問題を考えよう．6からは1マス進んで後手勝ちのマス5に行けばよい．10からは2マス進んで8に行けばよい．12からも4マス進んで8に行けばよい……と考えたところで，ふと立ち止まる．確かに8は後手勝ちのマス目だが，そこから一足飛びにゴールへは行けないことが条件だった．ところが，最初に4マス進むと，次は8マス進んでゴールに着くことが可能になってしまう．かといってもっと近い後手勝ちのマス目はない．では12が先手勝ちと予想したのは間違いだろうか？　そこで，少し冷静になって考え直してみると，12からは11へ進む手を思いつく．相手がそこからは進めるのは高々2マスだから，その後に8へ進めばよい．結局，マス目12は先手勝ちだ．

　さて，そろそろ後手勝ちの場合の特徴づけと先手勝ちの場合の戦略を，先のフィボナッチ分解を援用してズバリ述べてしまおう．現在の座標値をmとし，そのフィボナッチ分解を$F_p + F_q + \cdots + F_s + F_t$としよう．このとき$F_t$マス進んで$m' = F_p + F_q + \cdots + F_s$に行くことができれば先手勝ち，そうでなければ後手勝ちである．先手勝ちの場合の次の1手はもちろんF_tマス進むことだ．したがって，初期位置がF_t（すなわちフィボナッチ数）の場合，（F_tマス進むことは禁じられているから）後手勝ちであり，それ以外の初期位置は先手勝ちということになる．上の後手勝ちの局面の特徴づけの証明の詳細は省略するが，ポイントは，フィボナッチ分解では連続する2つのフィボナッチ数が出てこないこと，sがtより2以上大きいと$F_s > 2F_t$だからF_tマス進んだあとにF_sマス進むという動きができないことだ．あとは自分で考えて，納得していただけるだろう．

第80話 白の騎士の無限階段

　鏡の国の白の騎士がまた奇抜な発明をしたと聞いて，好奇心旺盛なアリスは，ハンプティ・ダンプティと連れ立って見学に来た。

　今度の発明は，見た目はエスカレーターのような装置で，階段が延々と続いている。ハンプティは最上段から覗くように装置を見下ろして，どこまでも続く様子に全身を緊張させている。確かに，ハンプティが一歩でも足を踏み外したりしたら，その卵形の体は階段を延々と落ちていき，どこかで粉々になってしまうだろう。

　白騎士はハンプティの恐々とした様子を見てご満悦のようだ。「足を滑らせたりせんように気をつけてな。今度の装置は，無限の長さにしたので，さすがにわし1人では作れんかった。どの段の仕組みも同じだから，無限国のモグラたちに設計図を渡して1匹に1段ずつを作ってもらって，それをつないだのがこれじゃ」。

「すると，この階段はどこまでも続いていて，終わりはないのですか？　いったいどういう目的でこんな装置を？」とアリス。

「遊びじゃよ，遊び。各段は0，1，2の3段階のエネルギーレベルが取れるように設計してある。そこでこの特殊な仕掛けをしたボールを階段のどこかに落とすのじゃ。すると，落ちた段のエネルギーレベルが0か1なら，その段はボールからエネルギーを吸収してレベルが1つ上がる。一方，ボールはエネルギーを失い，1つ下の段へ落ちていく。また，落ちたのがエネルギーレベル2の段であれば，ボールは，逆にその段からエネルギーを奪い，1つ上の段に跳ね上がる。反対にその段のエネルギーレベルは0に落ちる。こういうことを繰り返して，ボールは上へ行ったり下へ行ったり装置上を動き回るというわけじゃ」

「最上段のエネルギーレベルが2のときに，そこにボールが落ちたら？」

「おうおう，そうじゃ。そのことを言わんとな。その場合もボールが段からエネルギーを奪うのは同じじゃが，さらに跳ね上がろうにもそれより上の段はないのでそこで終わりじゃ。まあ，言ってみれば，双六の上がりみたいなものかのう」

アリスたちは，いろいろな段にボールを落として試してみた。どうやら，どこに落としてもボールは，昇り降りを繰り返しながら，次第に階段を下って行き無限のかなたに消えてしまうか，最上段まできて「上がり」になってしまうかのどちらかになり，階段の一定範囲にいつまでもとどまるということはないらしい。読者にはまず，どうしてそうなるかを考えていただこう。

また，あるとき落としたボールが「上がり」になったとし，そのままの状態の装置に次のボールを落としたとする。このとき，次のボールはどこに落としても無限のかなたに消えてしまうことを証明していただきたい。つまり，2つのボールを順次落としたとき，その2つともに「上がり」になることはない。

余裕のある読者は，一般に落としたボールがどういう場合に「上が」り，どういう場合に無限に下降していくかを考えていただくと面白いだろう。

また，エネルギーレベルが3段階でなくn段階の場合に同じような装置で何が起こるか考えていただきたい。その場合，レベル$n-2$以下の段に落ちたボールはその段のレベルを1つ上げて下の段に落ちていくが，レベル$n-1$の段に落ちたボールはその段のレベルを0に下げて上の段に跳ね上がるものとする。$n>3$の場合も面白いが，$n=2$の場合も意外に難しい。

第80話の解答

　まず，どこに落としたボールも，無限に降下して奈落に消えてしまうか，「上がり」になるかのどちらかであることの証明だが，もしそうならないボールがあったとしたら，そのボールはある段を無限回訪問することになる。なぜなら，「上がり」にならない限りボールは無限に跳ね続けるので，どの段も訪問回数が有限回としたらボールは次第に下の段に移動していくしかないからだ。そこで，そのボールが無限回訪問する段で一番上のものに着目しよう。明らかに，その段のエネルギーレベルは，ボールの訪問を受けるたびに$0 \to 1 \to 2 \to 0 \to 1 \to 2 \to \cdots$と巡回する。ところが2から0に戻るとき，ボールはいつも1つ上の段に戻されるのだから，その1つ上の段も無限回訪問することになり，着目した段がそのような段の一番上だったことに矛盾する。

　最初の問題はこれで解決したが，以降の問題を考えるにはもう少し便利な道具があったほうがよいようだ。上からi段目のエネルギーレベルをE_iとしよう。いささか天下り的だが，このときこのi段目が持つエネルギー量を$E_i/2^{i+1}$とし，装置全体が持つ総エネルギー量$E = E_1/2^2 + E_2/2^3 + E_3/2^4 + \cdots$を考える。今，ボールが第$i$段に落ちたとき，そのボールはエネルギー量$B = 1/2^i$を持つとすると，$B + E$はボールの動きに伴って変化したりすることのない不変量となる。実際，i段目のエネルギーレベルが0か1であり，そこにボールが落ちたすると，次の瞬間，その段のエネルギー量は$1/2^{i+1}$だけ上がる。一方，ボールは1段下がるので$1/2^i - 1/2^{i+1} = 1/2^{i+1}$だけのエネルギーを失い，その増減は釣り合う。その段のエネルギーレベルが2であれば，段は$2/2^{i+1} = 1/2^i$のエネルギーを失うが，ボールは逆に$1/2^{i-1} - 1/2^i = 1/2^i$のエネルギーを得て，やはりエネルギーの得失は釣り合う。

　そこでEがどの範囲の数値になるか考えてみよう。明らかにエネルギーレベルが全段とも2になった場合，Eは最大になりそれは$2/2^2 + 2/2^3 + 2/2^4 + \cdots = 1$である。逆にレベルが全段とも0になった場合，$E$は最小でその値はもちろん0だ。こうして$E$はいつでも0以上1以下の数値だとわかる。次にボールのエネルギーBだが，これは一番上の段にあるときが最大$B = 1/2$で，下へ落ちていくとどんどん0に近づく。

今，エネルギー E を持つ装置の第 i 段目にボールを落としたとすると全体のエネルギーは $E+1/2^i$ となるが，これがボールの動きにかかわらず一定値を保つことがポイントだ．もし，ボールが奈落に落ちていったとしたら，ボールのエネルギーは 0 になるが，その分は装置の各段に分散して保たれ，装置全体のエネルギー量は $E+1/2^i$ に変わらねばならない．反対にボールが「上がり」になってしまったらどうだろうか？　上がったボールの持つエネルギーは 1 であり，それを失うので，装置全体のエネルギー量は $E+1/2^i-1$ に変わる．

このことから，いちいち動きを追跡しなくとも，ボールの運命はある程度わかるのだ．$E+1/2^i>1$ の場合，最終的に装置が 1 を超えるエネルギーを持つことはできないので，ボールは「上がり」になるしかなく，あとにはエネルギー $E+1/2^i-1$ の装置が残される．$E+1/2^i<1$ の場合，装置が負のエネルギーを持つようになることもありえないので，ボールは奈落へと消え，あとにはエネルギー $E+1/2^i$ の装置が残される．$E+1/2^i=1$ の場合がやや微妙で，この場合はどちらもありうるが，ボールが「上がり」になった場合は装置は全段ともレベル 0 になる．逆に奈落に落ちた場合，装置は全段レベル 2 になる．上は，個々の具体的なレベル設定の場合に，どこにボールを落とすとどういう風にボールが動き各段のレベルがどう移り変わっていくかについては答えていないが，少なくともボールの最終的な運命についてはこれでほとんどわかる．

次にエネルギー E の装置に 2 つのボールを i 段目と j 段目に順次落とした場合を考えよう．この 2 つがともに「上がり」になるとしたら $E+1/2^i\geqq 1$，$E+1/2^i-1+1/2^j\geqq 1$ である．ところが，E や i，j に課された制限によりそういうことがあるとしたら，$E=1$，$i=j=1$ しかありえない．つまり，最初は全段レベル 2 で最上段に 2 個のボールを順次落とした場合だ．しかし，実際にやってみると，確かに最初のボールは最上段のレベルを 0 に下げて「上がり」になるが，2 個目のボールは，昇り降りしつつも各段のレベルをすべて 2 に変えて奈落に消えてしまう．試してみられたい．こうして，2 つのボールが続けて「上がり」になることがないことが示された．

各段のエネルギーレベルが n 段階ある場合も，今の議論を一般化すれば解析できる．$n>3$ の場合，第 i 段のレベルを E_i とするなら，その段の持つエネルギー量を $(n-2)E_i/(n-1)^{i+1}$ とし，第 i 段にあるボールのエネルギー量を $1/(n-1)^i$

とすることでうまくいき，やはり上と同じような議論が有効になる。ボールが「上がり」になる条件は同じで，装置の持つ総エネルギーをE，ボールの持つエネルギーをBとすると，$0 \leqq E \leqq 1$だから$E+B$が1を超えるかどうかが鍵になる。また各ボールに持たせられるエネルギーは，最上段に落としたときが最大で$1/(n-1)$だから，一度ボールが「上がり」になったあと，次の$n-2$個のボールは奈落に落ちていかざるを得ない。

　最後にエネルギーレベルが2段階だけの場合に触れておこう。つまり，ボールは，レベル0の段に落ちたときはその段をレベル1に変え下へ行くが，レベル1の段に落ちたときはその段をレベル0に変え上に行く場合だ。この場合，上の議論をそのままでは一般化できない。しかし，各段のエネルギー量をその段のレベルE_i（0か1）そのものとし，第i段に落としたボールのエネルギー量を$-i$とすることでうまく解析できる。この場合，レベル1の段が無限個あれば，装置の総エネルギー$E=E_1+E_2+E_3+\cdots$は無限大になる。その場合はボールをどこに落とそうとそのボールは「上がり」になるが，i段目に落とした場合，上からi個のレベル1の段がエネルギーを失いレベル0となる。また，$E=E_1+E_2+E_3+\cdots$が有限の場合，ボールのエネルギーをBとすると$B+E$はボールの動きにかかわらず一定値を保つ。その結果，ボールを落とした段をiとすると，$E \geqq i$ならば，Eが無限大の場合と同様，ボールは「上がり」，上からi個のレベル1の段がエネルギーを失う。一方，$E<i$ならば，ボールは装置の段のうち$i-E-1$個をレベル0のまま残して，他をすべてレベル1に変えながら奈落へと消えていく。どうしてそうなるかは，読者への宿題としておくが，実際にいろいろと試してみると面白い。

第81話 回転テーブルとスイッチ

　チェス王宮での園遊会のあと，お茶会3人組は鏡の国博物館を見学中だ。博物館といっても，あまり有力な展示物がない様子で，白の王様のお気に入り家臣だからなのか，白の騎士の発明品が大きなスペースを占めている。第80話の無限階段もやがて展示品の中に収まるだろうが，今ヤマネの興味をひいているのは，縁にたくさんのスイッチがついている円形の回転テーブルだ。

　テーブルの中央に電灯があり，スイッチが全部オンになると点灯する。何のことはない。ただスイッチと電灯がすべて直列につながっているだけらしい。もちろん各スイッチはオンとオフの2通りの状態が取れるが，見た目ではどちらの状

態なのかはわからない．ただ各スイッチを押すとその状態が入れ替わるだけだ．そこでヤマネはスイッチを次々と押してみて電灯を点灯させようと躍起になっている．ところが，ほとんどデタラメに押しているだけなので，同じスイッチの状態が再現したりして，電灯がつくかどうかは賭けみたいなものだ．

そこで，読者にはまず，ヤマネにシステマティックなボタン操作をアドバイスしていただいて，有限回内に電灯が確実につくようにしてほしい．

さて，帽子屋と三月ウサギは，そのやり方で確実に電灯がつけられるようになるまでヤマネの様子を見ていたが，ついイタズラ心を刺激され，意地悪を始めた．ヤマネがスイッチを1つ押すたびに，テーブルを適当に回転してしまうのだ．テーブルは完全に回転対称なので，そんなことをされると，前に押したスイッチがどれなのか誰にもわからなくなり，ヤマネでなくともお手上げだ．幸いに助け舟にヤマネの7匹の姪たちが現れた．姪たちの協力を得れば，8個までなら同時にスイッチを押すことができる．ヤマネと姪たちは，スイッチ数が2個と4個の場合に，協力によるうまい操作手順で（帽子屋たちによる邪魔があっても）一定回数内に確実に電灯を点灯させる手段を見つけたが，それはどういうものだろうか？ また，スイッチ数が2や4以外の場合に，その方法はうまく拡張できるだろうか？

第81話の解答

最初の問題の場合，各スイッチは区別がつくので，n個のスイッチがあるとして，それに1からnまでの番号を振っておこう．重複がないようにスイッチ状態を順次作り出していく手順はいろいろと考えうるが，比較的簡単でシステマティックなやり方の1つは次のようなものだ．

奇数回目の操作では常にスイッチ1を押す．奇数の2倍回目の操作ではスイッチ2を押す．奇数の4倍回目の操作ではスイッチ3を押す．……以下同様に奇数の2^n倍回目の操作ではスイッチ$n+1$を押す．最初の状態からみて，オンオフが入れ替わっているスイッチを1，同じ状態のスイッチを0で表し，右から順に並べた2進数でスイッチ全体の状態を表現するなら，例えば，スイッチ数nが4の場合，操作回数が増えるにつれて状態は右ページの表のように変化する．

この表には，全スイッチ状態がもれなく現れ，同じものはない。そのことはすぐに見て取れるし，一般のnについて証明したければ，nに関する数学的帰納法で簡単にできる。したがって，最初のスイッチ状態がどうであろうと15回以内（一般には2^n-1回以内）の操作ですべてのスイッチがオンになる。例えば，最初の状態では，2番のスイッチだけがオンで1，3，4番がオフだったとすれば，電灯をつけるには1，3，4番のスイッチを反転させればよい。その状態1101には9回目の操作でたどり着く。

回数	状態
0	0000
1	0001
2	0011
3	0010
4	0110
5	0111
6	0101
7	0100
8	1100
9	1101
10	1111
11	1110
12	1010
13	1011
14	1001
15	1000

　表の「回数」を「状態」で表現した2進数は，グレイコードと呼ばれ，計数器などに使う技術として米国で特許がとられたことで有名だ。グレイコードは，隣り合う2つの数を表現する2進数の間に1ビットの違いしかないという特徴があり，それが上の問題の解の構成に使えたゆえんである。パズル玩具に詳しい読者は，ハノイの塔やチャイニーズリングの解法とも密接な関係があることをご存知だろう。

　次の問題は，相対的にしか各スイッチの区別がつかなくなるので厄介だ。だが，スイッチ数が2の場合は，少し考えれば，うまいやり方を思いつくだろう。最初から電灯がついていないならば，両スイッチのうち，少なくとも片方はオフだ。そこで，ヤマネたちは両スイッチを同時に押す（この操作を「P」と呼ぶ）。もし両方ともオフなら，そこで電灯がつくはずだ。つかなかったとしたら，スイッチは一方がオフでもう一方がオンだ。テーブルが回転してもその状況は変わらない。そこで次にはどちらか片方のスイッチを押す（この操作を「S」と呼ぶ）。そのスイッチがオフだったなら，電灯がつくはずだ。そうでなくとも，今度は両スイッチともにオフになる。したがって，次に両ボタンを同時に押せば電灯は点灯する。つまり「PSP」という操作により，3回以内で目的は達成される。

　では，スイッチが4つの場合はどうだろうか？　一気に解決するのはかなり大変そうなので，順次考えていこう。最初に全部のスイッチを押してみる（この操作を「全」と表現する）。もし全部がオンならば，最初から電灯がともっているし，

全部がオフならばこの時点でつく。つまり，ここで電灯がつかなければオンオフが交じっていることになる。オンとオフが奇数個の場合は後に回し，2-2に分かれている場合を先に考えよう。オンを0，オフを1で表現すると，この場合，時計回りに0011と0101となっている2通りが考えられる（もちろん，これらが順繰りに回転していることもありうるのだが，帽子屋たちの邪魔が入ることが前提なので，それらを区別しても意味がない）。そこで次には対面にある2つのスイッチだけを押してみよう（この操作を「対」と表現する）。すると，0101は0000か1111に変わる。0000に変わった場合，そこで電灯がつくし，1111ならもう一度全スイッチを押してやればいい。こうして「全対全」という操作により，最初の状態が0000，1111，0101の場合は電灯がともる。0011は駄目だが，その場合はそのあとも状態が変わらず0011のままだ。そこで，次には隣同士の2つのスイッチを選んで押してみよう（この操作を「隣」と表現する）。するとどこの2つを選ぶかによるが，0011は0000，1111，0101のいずれかに変わる。したがって，このあとに「全対全」という操作をやると，どこかで電灯がつくことになる。つまり，スイッチのうち偶数個がオンの場合，「全対全隣全対全」という操作により，7回以内に目的に達する。奇数個がオンの場合は駄目だが，これらの操作後もオンが奇数個という状況は変わることがない。そこで，次に1個のスイッチを押してみよう（この操作を「単」と表現する）。するとオンのスイッチ数は偶数個に変わる。したがって，そのあとに「全対全隣全対全」という操作を行えば電灯はともる。結局，「全対全隣全対全単全対全隣全対全」という操作により，最初のスイッチの状態がどうであれ，(たかだか15回で) 点灯させることができる。

　これをさらにスイッチ数nが2や4以外の場合に一般化するという問題は難しい。しかし，実はnが2のベキ2^kの形をしているなら可能であり，例えば，$n = 8 = 2^3$の場合，確実に点灯させる手段はある。その方法では，最悪の場合$2^8 - 1 = 255$回の操作が必要になりあまり現実的とはいえないような印象を受けるが，スイッチが8個もあると，最初から点灯している場合を除いた2^8-1通りのパターンを試すことは所詮必要なので，この操作回数自体は仕方がなく，むしろ最善といえるかもしれない。また，$n = 16$の場合には16個のスイッチをすべて同時に押さねばならないことがあるので，姪たち以外に応援してくれる者がないと，各人が2つずつ同時にスイッチを操作するというような必要が生ずる。

$n=2^k$ の解手順から $n=2^{k+1}$ の解手順をどのように構成するか述べよう。$n=2^k$ の場合に，r 回以内に電灯をともす手段があるとして，その手順を $X=x_1 x_2 \cdots x_r$ としよう。各 x_i は 2^k 個のスイッチに対する操作から構成されているが，x_i' で 2^{k+1} 個のスイッチに対して x_i をコピーして行う操作を表そう。つまり，2^{k+1} 個のスイッチのうち対面に位置する2つのスイッチには同じ操作を行うことになる。先のスイッチが2個の場合と4個の場合に当てはめれば，P′=全，S′=対である。また，x_i'' で相続く半分のスイッチ 2^k 個に対しては x_i と同じ操作を行い，残りの 2^k 個に対しては何もしないという操作を表そう。同様にスイッチが2個の場合と4個の場合に当てはめれば，P″=隣，S″=単である。すると，$Y=$P′S′P′とおけば，4個の場合の手順「全対全隣全対全単全対全隣全対全」は $YP''YS''YP''Y$ と表すことができる。一般には，これを拡張して Y を手順 $x_1' x_2' \cdots x_r'$ とするなら，$n=2^{k+1}$ の場合の解手順は $Y x_1'' Y x_2'' \cdots Y x_r'' Y$ と表せる。これでうまくいくことの厳密な証明は省略するが，概略を述べると，各 Y は対面同士のスイッチがすべて同じ状態の場合に電灯をつけるための手順であり，$x_1'' x_2'' \cdots x_r''$ はそうでない場合に対面同士を同じ状態にするための手順である。

n が奇素数を因数に持つ場合には，電灯を確実に点灯させる手段は存在しない。これも厳密な証明は面倒だが，多少事情を説明すると，たとえば $n=3$ の場合，スイッチの状態が000か111ならば，簡単に点灯させることができる。しかし，それ以外の001や011の場合を有限回で確実に000や111に持っていく手段がないからだ。一般には，各スイッチのオンオフ状態が周期 2^k を持つなら，先の操作を拡張した手順で全スイッチをオンにすることができるが，帽子屋たちによる邪魔があると，そうでない状態から周期 2^k を持つ状態へ確実に進む手段は存在しない。

坂井 公（さかい・こう）
筑波大学数理物質系准教授。1953年北海道生まれ。東京工業大学理工学研究科博士課程修了。学生時代よりマーチン・ガードナーの「数学ゲーム」のファンで，その後1984年から7年間にわたり日経サイエンスに連載されたA. K. デュードニー「コンピューターレクリエーション」の翻訳を隔月で担当した。日経サイエンス2009年5月号より「パズルの国のアリス」を連載中。訳書に『ロジカルな思考を育てる数学問題集（上・下）』（ドリチェンコ著，岩波書店，2014），『偏愛的数学 驚異の数』『偏愛的数学 魅惑の図形』（ポザマンティエ，レーマン著，岩波書店，2011）など。

斉藤重之（さいとう・しげゆき）
イラストレーター，デザイナー。1969年北海道生まれ。筑波大学情報学類を卒業後，デザイン事務所勤務を経て，1999年よりフリーランス。

デザイン　八十島博明，岸田信彦（GRID）

数学パズルの迷宮
パズルの国のアリス2

2016年6月24日　1版1刷

著　者	坂井 公
	© Ko Sakai, 2016
発行者	竹内雅人
発行所	株式会社 日経サイエンス
	http://www.nikkei-science.com/
発　売	日本経済新聞出版社
	東京都千代田区大手町1-3-7　〒100-8066
	電話03-3270-0251（代）
印刷・製本	株式会社 シナノ パブリッシング プレス

ISBN978-4-532-52071-7

本書の内容の一部あるいは全部を無断で複写（コピー）することは，法律で認められた場合を除き，著作者および出版社の権利の侵害となりますので，その場合にはあらかじめ日経サイエンス社宛に承諾を求めてください。

Printed in Japan